KosmosGartenbibliothek

Heidrun Holzförster

Obstgehölzschnitt

KOSMOS

Inhalt

Einführung in den Obstgehölzschnitt

Die Fruchtbildung der Obstgehölze dient dem Zweck, sich zu vermehren. Dem Samen wird eine attraktive Hülle gegeben, damit zum Beispiel Tiere bei der Nahrungsaufnahme den Samen aufnehmen und verbreiten.
Da Früchte auch zu unserem „Überleben“ beitragen, hat der Mensch die Obstkultur über Jahrtausende entwickelt und zu seinem Nutzen gestaltet.
Vieles aus dieser Entwicklung steht uns heute zur Verfügung. So bieten uns die Baumschulen Sortenvielfalt auf Bäumen mit vielen verschiedenen Wuchsstärken. Den Schnitt und die Pflege muss sich jedoch jeder Gärtner von Neuem aneignen. Die Gesetzmäßigkeiten des Wachstums der Pflanzen sind immer gleich geblieben, die Erfahrungen der Menschen sind zum Teil jahrhundertealt und ergänzen sich gegenseitig.

▸ Schere als Sprache

Die Pflanze folgt uns auf den Schnitt! Die Schere ist die Sprache zwischen uns und dem Baum oder Strauch. Die Gehölze verstehen unser Schneiden immer und antworten mit Ihrem Wachstum.
Wir können die Antwort oft nicht richtig einordnen. Im unüberschaubaren Astgewirr werden oft radikal und zum Teil wahllos Äste gekürzt und weggeschnitten, in der Hoffnung, dass der Baum endlich klein bleibt oder Früchte trägt.
Dieses Buch zeigt Ihnen, was Sie mit Schnitt erreichen können.
Sie entdecken, an welchen Trieben die Früchte gebildet werden und wie sie genau diese Triebe fördern können. Sie verstehen, wie Sie es in der Hand haben, dass Früchte groß oder klein werden. Sie bestimmen, ob Sie die qualitativ guten Sonnenfrüchte oder minderwertigere Schattenfrüchte erhalten.
Ihnen wird bewusst, wie groß ein Baum werden muss, und wie Sie einen starken oder schwachen Wuchs am besten fördern können.
Vielleicht entdecken Sie mit der Zeit, dass Schneiden und Formen sehr schöne und kreative Arbeiten im Garten sein können!
Erfolgreicher Obstanbau ist im Gar-

__Eigenes Obst__ ist vielen wichtig.

***Birnenspalier** an einer sonnigen Hauswand*

ten wie in der Erwerbsanlage ein Zusammenspiel von der Wachstumsstärke der Unterlage und der Sorte, dem Alter des Gehölzes, dem Standort in Bezug auf Wasser, Boden, Klima und Lage, der Düngung und dem Schnitt. Greifen wir den Schnitt im Besonderen heraus, und beginnen wir in sein „Geheimnis" einzutauchen:

▸ Krone und Wurzel bilden eine Einheit

Je größer die Wurzel ist, desto größer wird auch die Krone und umgekehrt. Zwischen beiden besteht ein ständiger Ausgleich von Geben und Nehmen. Die Krone mit ihren Blättern versorgt die Wurzel mit Zucker und Stärke, die Wurzel die Krone mit Wasser und Mineralstoffen. Ist

***Die richtige Schnittführung** ist das A und O. So bleibt der Astring erhalten.*

ein Teil der Wurzel zerstört oder abgeschnitten, wachsen die entsprechenden Teile in der Krone schwächer oder sterben sogar ab. Entfernen wir einen Teil der Krone, hat die Wurzel Versorgungskapazitäten frei. Die Krone wird auf schnellstem Wege wieder ersetzt.

▸ Warum schneiden wir Obstgehölze?

Um sie klein zu halten In vielen Schnittkursen habe ich überraschend festgestellt, dass die Teilnehmer beim Schneiden nicht in erster Linie den Fruchtertrag im Sinn haben, sondern, wie sie die Größe des Obstgehölzes bewältigen können. In kleinen Gärten empfinden Gartenbesitzer die Bäume oft schon im dritten Jahr als zu groß! Bedenken Sie deshalb: Jeder Schnitt regt das Triebwachstum an!

TIPP

Jeder Winterschnitt regt das Wachstum an! Je mehr wir schneiden, desto stärker wird das Triebwachstum angeregt! Bedenken Sie dies bei jedem Schnitt, den Sie ausführen.

Um große Baumkronen zu erhalten Pflanzen wir hochstämmige Obstbäume, sollen Sie möglichst große Kronen entwickeln. Wir möchten mit Rasenmähern bequem darunter entlangfahren können. Durch Schnitt machen wir die Äste stark, so dass sie das große Gewicht der Früchte tragen, ohne nach unten durchzuhängen oder abzubrechen.

Um ihnen eine bestimmte Form zu geben An der Hauswand möchten Sie ein Spalier erziehen, das auch auf Dauer noch zwischen die Fensterreihen passt. Oder aber Sie haben eine Reihe kleinkroniger Bäume gepflanzt, die durch einen entsprechenden Schnitt nicht ineinander wachsen sollen.

Um regelmäßig Früchte zu bekommen Bei Hochstammobstbäumen wissen wir, dass Sie nur alle zwei Jahre eine gute Ernte bringen. Der Baum haushaltet mit seiner Kraft und legt nach einem Vollertrag eine Pause ein. Durch Schnitt können wir besonders bei kleineren Baumkronen erreichen, dass sich der Baum nicht überträgt und genügend Kraft hat, jedes Jahr auch Blütenknospen für das nächste Jahr zu bilden.

Reiche Ernten *– dank regelmäßiger Schnittmaßnahmen zum richtigen Zeitpunkt und eines wohl überlegten Pflanzenkaufs*

Um größere Früchte zu bekommen Tragen junge Obstbäume oder Beerensträucher ihre ersten Früchte, sind diese oft überdurchschnittlich groß. Wir sehen daran, dass die Früchte um so größer werden, je weniger ein Gehölz trägt. Durch Erkennen von Fruchttrieben und Holztrieben können wir Fruchten und Triebzuwachs immer in einem guten Verhältnis halten.
Um gesündere Früchte mit mehr Inhaltsstoffen zu bekommen An alten Obstbäumen hängen die schönsten und besten Früchte meistens in der Spitze des Baumes. Dort stehen die Äste locker, der Wind trocknet die Früchte schneller ab und schützt sie damit vor Pilzkrankheiten. Außerdem genießen die Früchte dort oben volle Sonne und bilden somit mehr Aroma- und Inhaltstoffe. Durch gezielten Schnitt können wir die gesamte Krone so locker aufbauen, dass die günstigen Bedingungen der Spitze im ganzen Baum herrschen.

▸ Wann schneiden wir Obstgehölze?

Schnitt im Winter Dazu gibt es verschiedene Sichtweisen. Steht das Ausschneiden alter Bäume an, bei denen große Wunden entstehen werden, schneidet man traditionell im Winter. Es drängt keine andere Gartenarbeit, somit ist genügend Zeit vorhanden. Im laublosen Zustand sieht man außerdem besser, was geschnitten werden muss. Das Hauptargument für viele Gärtner ist jedoch, dass die Bäume in der Winter- und Saftruhe sind. Schneiden Sie im November, Dezember und Januar, bleiben die Wunden in der Regel eher trocken. Wählen Sie dagegen Februar oder März, ist der Saftstrom schon im Fluss und es tropft bei vielen Obstarten tagelang aus den Schnittwunden.
Schnitt im Frühjahr und Sommer Obwohl der Winterschnitt für uns Gärtner viele Vorteile hat, fordert der Rhythmus des Baumes eher einen Schnitt im April, Mai und Juni. In dieser Hauptwachstumszeit hat der Baum am meisten Energie. Die Zellbildung ist aktiver und die Wunden überwachsen besser und schneller als im Winter. Ist das Laubdach voll entfaltet, tropft auch kein Saft mehr aus den Wunden heraus. In der Folge des Schnittes bilden sich neue Triebe, deren Holz bis zum Herbst noch ausreifen kann und nicht erfriert.

Einschränkungen zum Gehölzschnitt (Landesnaturschutzgesetz von Baden-Württemberg)

§ 29 (3) In der Zeit vom 1. März bis 30. September ist verboten:	*1. Hecken, lebende Zäune, Bäume, Gebüsche oder Röhrichtbestände zu roden, abzuschneiden oder auf andere Weise zu zerstören oder* *2. Bäume mit Horsten oder Bruthöhlen zu fällen oder zu besteigen.*
§ 29 (4) Das Verbot des Absatzes 3 gilt nicht für	*1. Kulturarbeiten* *2. für Maßnahmen, die bei zulässigen Bauvorhaben notwendig werden* *3. für Maßnahmen, die bei der Unterhaltung und dem Ausbau oberirdischer Gewässer notwendig werden* *4. für Maßnahmen, die aus Gründen der Sicherheit und der Leichtigkeit des Verkehrs notwendig werden.*

Schnitte, die Sie im Juli oder August ausführen, regen immer noch das Triebwachstum an. Die neu zuwachsenden Triebe reifen aber bis zum Herbst nicht immer vollständig aus und können erfrieren oder werden leicht von Pilzkrankheiten besetzt. Deshalb meiden wir diese Zeit vor allem in späten Lagen.

TIPP

Winterschnitt stärkt das Triebwachstum, Sommerschnitt (Ende August bis September) bremst es. Wählen Sie den Schnittzeitpunkt je nachdem, was Sie mit dem Schnitt fördern möchten. Schnitte im Frühjahr und Spätsommer (April bis Juni, Ende August bis Anfang September) fördern gegenüber Winterschnitt eine schnellere Wundheilung.

Schneiden Sie Ende August oder im September, ist das Triebwachstum schon abgeschlossen. Zum Herbst bilden sich keine jungen Triebe mehr. Indem wir Triebe mit Blättern aus der Krone entfernt haben, verlangsamen wir das Wachstum und schwächen den Austrieb im nächsten Frühjahr. Zu diesem Zeitpunkt sprechen wir vom eigentlichen Sommerschnitt, den vor allem Erwerbsobstbauern in ihren Anlagen anwenden.

Schnitt mit Rücksicht auf die Mondstellung Dazu müssen Sie zwei verschiedene Mondrhythmen unterscheiden: 1. Der zu- und abnehmende Mond. Diese Phase von Vollmond über Neumond (Mondsichel) zu Vollmond dauert 29 Tage und 13 Stunden.
2. Der auf- und absteigende Mond: Diese Phase von der Stellung flach über dem Horizont über den senkrechten Stand und zurück zum Horizont dauert 27 Tage und 8 Stunden. Dieser Rhythmus bildet die Grundlage für Arbeiten nach dem Mond.
Im Dezember und Januar fallen beide Phasen ganz dicht zusammen, so dass sie nur wenige Stunden Unterschied haben. Deshalb werden die Phasen gern und leicht verwechselt und Sie orientieren sich in ihren Arbeiten fälschlicherweise nach dem zu- und abnehmendem Mond. Von Phase zu Phase verschieben sich beide jeweils um 2 Tage und 5 Stunden. Im Mai und Juni laufen sie deshalb fast entgegengesetzt: absteigender Mond hat Vollmond und aufsteigender Mond hat Neumond.
Während einer Phase von Horizont zu Horizont (27 Tagen und 8 Stunden) durchläuft der Mond am Himmel alle 12 Sternzeichen. Jedes Sternzeichen wird dabei einem Ele-

Blühende Süßkirschen-Hochstämme

Frühling im Obstgarten *– die Apfelbäume blühen.*

ment zugeordnet (Luft, Feuer, Erde, Wasser) und jedes Element wiederum einem Pflanzenorgan (Blatt, Frucht, Blüte oder Wurzel), so ist das Sternzeichen Widder dem Element Feuer zugeordnet und dies wiederum der Frucht. Die Waage dagegen ist dem Element Luft zugeordnet und somit der Blüte. Da die Phasen im Voraus berechenbar sind, werden Kalender erstellt, die für jeden Tag die Mondstellung angeben und erläutern, welche Arbeiten im Garten vor diesem Hintergrund sinnvoll sind. Für Schnittarbeiten gilt allgemein: Bei aufsteigendem Mond ist viel Saft im Baum. Sie können gut veredeln oder Edelreiser schneiden.

Obstbaumschnitt zum richtigen Zeitpunkt: *Mond und Planeten haben auch auf das Wachstum der Bäume und ihre Reaktionen auf Schnitt- oder Veredlungsmaßnahmen einen Einfluss.*

Die Sternzeichen und ihre Zuordnung

Sternzeichen	Element	Auswirkung bei Pflanzen	Arbeiten im Obstbau
Wassermann	*Luft*	*Blüte*	*–/+ neutral*
Fisch	*Wasser*	*Blatt*	*– schlecht für Ernte und Schnitt*
Widder	*Feuer/Wärme*	*Frucht*	*+ gut für Schnitt und Veredlung*
Stier	*Erde*	*Wurzel*	*+ gut für Pflanzenschutz*
Zwilling	*Luft*	*Blüte*	*–/+ neutral*
Krebs	*Wasser*	*Blatt*	*– schlecht für Ernte und Schnitt*
Löwe	*Feuer/Wärme*	*Frucht/Samen*	*+ gut für Ernte, Schnitt, Veredlung*
Jungfrau	*Erde*	*Wurzel*	*+ gut zum Pflanzen und Umpflanzen*
Waage	*Luft*	*Blüte*	*–/+ neutral*
Skorpion	*Wasser*	*Blatt*	*– schlecht für Ernte und Schnitt*
Schütze	*Feuer/Wärme*	*Frucht*	*+ gut für Ernte, Schnitt*
Steinbock	*Erde*	*Wurzel*	*+ gut zum Roden und Auslichten*

Bei abnehmendem Mond ist wenig Saft im Baum. Diese Perioden sind gut für den Baumschnitt geeignet. Kalender, die am häufigsten verwendet werden sind: Maria Thun: „Aussaattage“ und die „KOSMOS Aussaattage“. Die Daten mancher Kalender unterscheiden sich . Ein wesentlicher Grund liegt vermutlich darin, dass einige Autoren die Sternzeichen gleich groß annehmen und die Mondphase in zwölf gleiche Teile aufteilen. Astronomische Kalender berücksichtigen, dass der Mond einige Sternzeichen kürzer und einige länger durchläuft (zum Beispiel Waage ein bis anderthalb Tage, Jungfrau drei bis vier Tage). Achten Sie immer darauf, astronomisch berechnete Kalender zu verwenden.

Grundlagen

Was ist eigentlich Wachstum?

Wer schneiden möchte, sollte zunächst bewusst auf das Wachsen schauen. Wenn wir „Wachsen“ sagen, meinen wir in erster Linie, dass der Stamm dicker, der Baum größer, der Ast länger wird. Dahinter verbirgt sich, dass die vorhandenen Pflanzenzellen zwei Arten von Wachstum hervorbringen. Zum einen dehnen sich die vorhandenen Zellen aus und werden größer. Zum anderen bilden sich neue Zellen durch Teilung: Aus einer Zelle entstehen zwei neue Zellen. Hierbei handelt es sich um das eigentliche Wachsen.
Teilungsfähige Zellen gibt es nur in den Knospen und im Kambium. Aus den Knospen entwickeln sich jährlich neue Triebe oder Früchte. Das Kambium, eine Zellschicht unter der Rinde, ist für das Dickenwachstum zuständig. Es umgibt jeden Zweig, Ast und Stamm wie einen Mantel. Indem es nach innen neue Zellen abgibt, bildet es den so genannten Jahresring, den Holzzuwachs eines Jahres. Eine zweite Aufgabe erfüllt das Kambium bei der Wundheilung. Aus ihm heraus wachsen die Zellen, die die Wunden überwachsen.
Das Wachstum der Wurzeln geht vom Kambium und den Wurzelspitzen aus. Knospen, Kambien und Wurzelspitzen sind also die Stellen, die das eigentliche Wachstum der Gehölze hervorbringen.

***Das Wundgewebe** diese Obstbaumes überwallt die Schnittfläche.*

TIPP

Zeigt eine Wunde nach oben, besteht die Gefahr, dass sich innerhalb der Wülste, die sich durch die Überwallung gebildet haben, Regenwasser ansammelt und dies zu Fäulnis führen kann.

Schutzmechanismus der Bäume

In ihrer jahrtausendealten Entwicklung mussten Bäume und Sträucher immer auf Verletzungen reagieren. Da sie nicht fliehen konnten, haben sie gelernt, sich an Ort und Stelle zu schützen und zu wehren. Eine besondere Schutzzone haben sie mit dem Astring entwickelt.

▸ Astring

Er ist im Übergang von einem Ast zum anderen ausgebildet. Sie erkennen den Astring in der Regel als Wulst. Bei jeder Obstart sieht er etwas anders aus.
Im Astring ist sehr viel mehr Kambium angelegt als unter der Rinde eines glatten Aststückes, vergleichbar einem Faltenrock mit viel Stoff und einem engen Rock mit wenig Stoff. Das Kambium bildet die neuen Zellen, die die Wunde überwallen. Entfernen Sie einen Ast, sollte der Astring unversehrt am Baum bleiben. Der Schnitt wird deshalb nicht parallel zum verbleibenden Stamm, sondern mit Rücksicht auf den Astring schräg nach außen geführt.
Das Überwallen der Wunde ist ein Prozess, das Gesundhalten des Holzes auf der Schnittstelle ein anderer. Beide Prozesse sind voneinander unabhängig. Ist ein Baum gesund und wüchsig, kann er sich selbst gegen Fäulnis schützen. Er schottet das Holz gegen Krankheiten ab, indem er an der Schnittstelle Stoffe konzentriert, die das Wachstum Holz zerstörender Pilze hemmt. (Ein wenig erinnert es an Marmelade kochen. Wir geben so viel Zucker in die Marmelade, bis

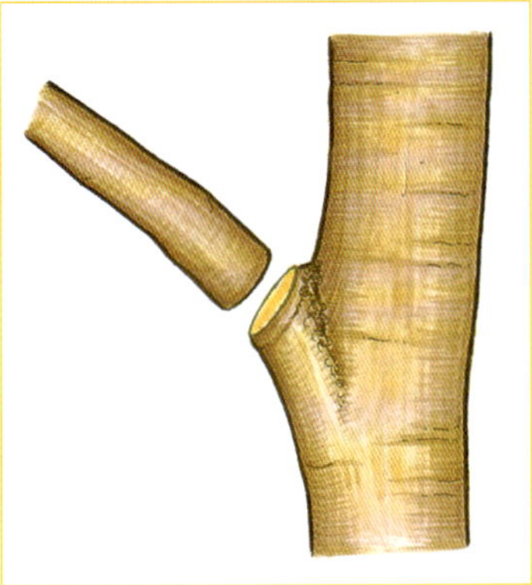

***Führen Sie den Schnitt** schräg zum Stamm, das schützt den Astring.*

Anfangs gute Überwallung, *die durch Fäulnis gestoppt wurde (Hohlraum).*

Trotz einer Behandlung *mit Wundverschlussmittel kann Holz faulen.*

jedes Pilzwachstum ausgeschlossen ist.)
Abschottung ist eine natürliche, baumeigene Abwehrmaßnahme, die uns bis vor 30 Jahren gar nicht bekannt war. Aus dieser Zeit kommt auch unser Bemühen, den Bäumen mit dem Verstreichen der Wunden zu helfen. Da Baumschnitt nie unter sterilen Bedingungen stattfindet, besiedeln sofort nach dem Schnitt Pilze und Bakterien die Schnittfläche. Überstreichen wir die Wunde anschließend mit einem Verschlussmittel, werden die Krankheitserreger darunter abgeschlossen, und es gibt nicht die Schutzwirkung, die wir uns vorstellen. Umfangreiche Untersuchungen haben ergeben, dass offene und verstrichene Schnittflächen gleich oft gesund bleiben oder faulen. Bei großen Wunden können Sie einen 1 cm breiten äußeren Rand verstreichen. Das schützt das Kambium direkt hinter der Rinde vor dem Austrocknen.

TIPP

Im Fachhandel werden verschiedene Wundverschlussmittel angeboten. Flüssige Präparate haben den Vorteil, das sie auch bei feuchter Witterung angewendet werden können und sparsamer im Verbrauch sind. Salben und Pasten dagegen haften nur, wenn die Wunde trocken ist.

Wundverschluss als Ausnahme
Besonders bei Zwetschen und Süßkirschen hat sich in den letzten Jahren herausgestellt, dass es sehr aggressive Pilze gibt, die das gesunde Holz stark angreifen und den gesamten Baum zum Absterben bringen können. Der Pflanzenschutz empfiehlt deshalb bei diesen Obstarten wieder verstärkt die Wunden zu verstreichen. Dazu sollte ein Wachs oder Wundverschlussmittel gewählt werden, dass bereits pilzhemmende oder -zerstörende Mittel enthält.

Frostrisse

In diesem Zusammenhang wird auch seit zwei Jahren wieder verstärkt das Weißen von Halb- und Hochstämmen bei Zwetsche und Kirsche mit Kalkbrühe empfohlen. Im Januar/Februar wärmt sich die Südseite der Stämme bereits stark auf, während die Nordseite gefroren sein kann. Unterschiedliche Temperaturen im Stamm führen zu Spannungen und Rissen, die wie Schnittwunden Eintrittsstellen für Pilze darstellen. Ein weißer Anstrich verhindert, dass sich der Stamm aufwärmt und aufreißt.

Bei größeren Wunden *wird der Rand mit Wundverschlussmittel bestrichen.*

Veredeln erhält die Sorte

Obstbäume bestehen in der Regel aus zwei Partnern – der Unterlage oder Wurzel und der Edelsorte, von deren Krone Sie die Früchte ernten. Eine einmal entstandene Sorte, zum Beispiel die Apfelsorte 'Boskoop', kann nicht über Samen vermehrt werden. Würde man Samen aussäen, entstünde aus jedem Samen ein Apfelbaum mit neuen Früchten und Eigenschaften. Eine bewährte Sorte kann nur erhalten werden durch vegetative Vermehrung, das heißt über Vermehrung von Triebstücken, Knospen oder Wurzeln. Obstbäume werden am häufigsten durch Veredeln (Knospen oder Triebstücke) vermehrt. Beim Veredeln werden Schnitte so geführt, dass sich das Kambium der Unterlage (Wurzel) und der Edelsorte berühren und durch die Zellteilungsqualität dieser Schichten zusammenwachsen. Das Kambium ist die Vorraussetzung zum Veredeln und wirkt als „Bioklebstoff".

Die wichtigsten Veredlungsmesser *von links nach rechts: Hippe, Okuliermesser und Kopuliermesser.*

Veredlungsarten

Art	Wo	Wann
Kopulation	*Süßkirschen-, Apfel- und Birnenhalb- und -hochstämme, Johannisbeerhalb- und -hochstämme*	*Februar bis März*
Okulation	*Apfel- und Birnenhalb- und -hochstämme. Alle schwach wachsenden Baumformen von Apfel, Birne, Süßkirsche, darüber hinaus Pfirsich, Aprikose, Sauerkirsche, Quitte*	*Juli bis August*
Pfropfung	*ältere und alte, noch vitale Halb- und Hochstämme aller Obstarten*	*April bis Mai*

Das Veredeln, insbesondere das Kopulieren und Okulieren, findet hauptsächlich zur Anzucht der Obstbäume in der Baumschule statt. Die junge Unterlage mit bleistiftdicken Trieben wird im Herbst/Winter gepflanzt und im Februar/März kopuliert oder im Juli/August okuliert.

Die Kopulation (Veredeln eines Triebstückes) wird gern bei Halb- und Hochstämmen von Süßkirschen und Beerenobststämmchen angewendet. Halb- und Hochstämme von Zwetschen-, Birnen- und Apfelsorten werden überwiegend durch Okulation (Veredeln einer Knospe) vermehrt. Das Umpfropfen findet an älteren Bäumen im Garten oder auf der Obstwiese statt. Ziel dabei ist, aktuellere Sorten oder mehrere Sorten auf einem Baum wachsen zu lassen.

Für alle Veredlungsarten gilt: Apfel kann nur mit Apfel, Süßkirsche mit Süßkirsche usw. zusammenwachsen. Eine Ausnahme bilden Birnen auf Quitten. Diese beiden Gattungen sind so nahe verwandt, dass sie miteinander verwachsen können. Die Baumschule nutzt dies, um kleinkronige Birnbäume zu produzieren und veredelt Birnensorten auf schwach wachsenden Quittenunterlagen.

▸ Kopulation – Veredeln eines Triebstücks

Die Kopulation basiert darauf, dass die Unterlage und das Triebstück der zu veredelnden Sorte (Edelreis mit vier bis fünf Knospen) den gleichen Durchmesser haben. Beide erhalten einen langen, absolut ebenen, ovalen und diagonal verlaufenden Schnitt. Beim Überdecken der

Das Edelreis *wird für die Kopulation vorbereitet. Wichtig ist ein langer, glatter und gleichmäßger Schnitt.*

Schnitte liegen die beiden Kambien direkt aufeinander: Die Schnitte werden über die gesamte Länge mit einem Gummiband umwickelt und anschließend mit Wachs luftdicht verstrichen. Die beiden Kambien wachsen dank ihrer Zellteilungsfähigkeit noch im Frühjahr zusammen und die vier, fünf Knospen der Edelsorte (Edelreis) wachsen bis zum Herbst zu neuen Trieben aus. Als Edelreiser werden einjährige, gut ausgereifte Triebe verwendet, die während der tiefsten Winterruhe im Dezember geschnitten wurden. Damit Sie bis zum Veredeln nicht austrocknen, werden sie kühl und feucht, zum Beispiel in feuchtem Sand, aufbewahrt. Ein Edelreis ergibt zwei bis vier Triebstücke zum Veredeln.
Die Unterlage ist ein Jahr vor der Veredlung gepflanzt worden. Die Veredlung erfolgt zu Beginn des Saftaufstiegs im Februar oder März kurz vor dem Austrieb.

TIPP

Ein regelmäßige Kontrolle der Veredlung ist zu empfehlen. Der Wundverband darf sich nicht lösen, sonst bricht das Edelreis aus. Er darf aber auch nicht zu eng sein und den Baum einschnüren, da in diesem Fall der Saftkreislauf behindert würde.

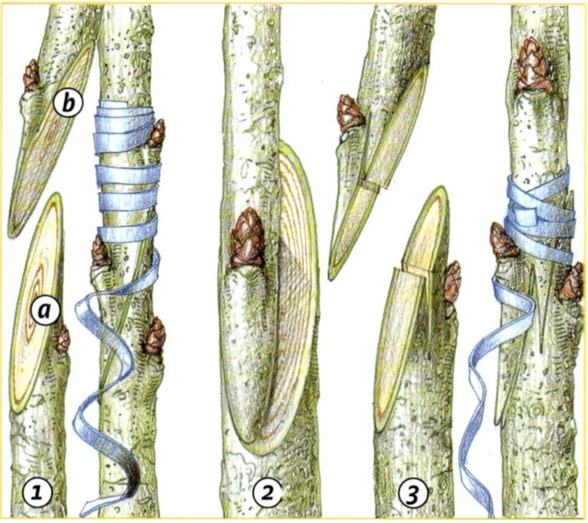

Kopulation: *1. Das Edelreis (b) hat den gleichen Durchmesser wie die Unterlage (a). Die Schnittflächen werden aufeinander gelegt, verbunden und verstrichen. 2. Hier ist die Unterlage dicker als das Edelreis, die Kambien haben nur an einer Seite Kontakt. 3. Kopulationsschnitte mit Gegenzungen. Die Veredlung hat einen besseren Halt und ist leichter zu verbinden.*

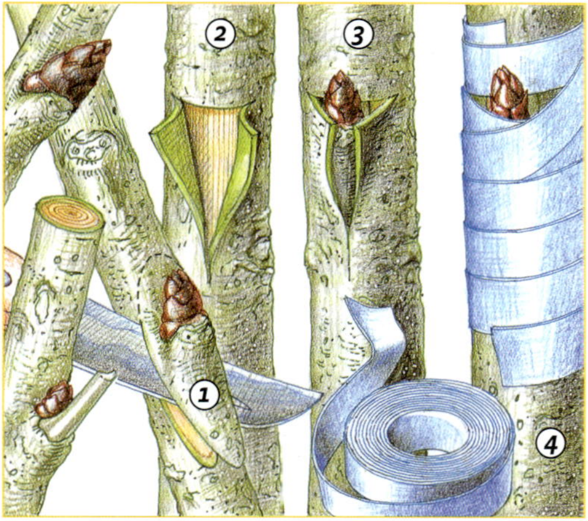

Okulation: *1. Die Knospe (Auge) wird flach aus dem entblätterten, diesjährigen Trieb der Edelsorte herausgeschnitten. 2. Die Unterlage erhält einen T-Schnitt, die Rinde wird gelöst. 3. Die Knospe vom Edelreis wird hinter der gelösten Rinde der Unterlage eingeschoben. 4. Die Knospe wird durch Gummiband fixiert (ohne Verstreichen).*

Okulation – Veredeln einer Knospe

Diese Veredlungsart wird im Juli oder August angewendet, wenn die Pflanze im vollen Saft steht.
Die Okulation besteht darin, dass eine Knospe einer gewünschten Sorte auf das Kambium einer Unterlage übertragen wird, dort anwächst und austreibt. Die Unterlage ist im Herbst des Vorjahres oder im Frühjahr des aktuellen Jahres gepflanzt worden. Die Knospe wird vom entblätterten, diesjährigen Trieb der Edelsorte flach ausgeschnitten, der zum Zeitpunkt der Veredlung im Juli schon ausgewachsen ist. Bei der Unterlage wird 10 bis 20 cm über dem Boden mit einem T-förmigen Schnitt die Rinde durchschnitten. Die beiden Flügel klappt man mit einem speziellen Okuliermesser leicht auf. Die zu veredelnde Knospe wurde flach mit einem etwa 3 cm langen Schild vom Zweig abgeschnitten und wird hinter der Rinde eingeschoben. Jetzt liegt das Kambium der Unterlage auf dem Kambium der Edelsorte beziehungsweise der Knospe.

Die eingeschobene Knospe wird durch ein flächiges Gummi oder ein Gummiband befestigt, aber nicht mit Wachs verstrichen! Sie wächst bis zum Herbst mit der Unterlage zusammen. Im nächsten Frühjahr treibt die Knospe aus und die Unterlage wird oberhalb der Austriebsstelle abgeschnitten. Aus dem Trieb der veredelten Knospe wird in den nächsten Jahren die Krone aufgebaut.

Umpfropfen

Umpfropfen bzw. Rindenpfropfen wird an älteren Bäumen durchgeführt und ist deshalb die Veredlungsart, die jeder bei sich im Garten oder auf der Obstwiese ausführen (lassen) kann.
Diese Art der Veredelung beginnt bereits im Winter mit dem Schnei-

Baum vor dem Abwerfen der Krone

Baum mit abgeworfener Krone – *fertig zum Umpfropfen*

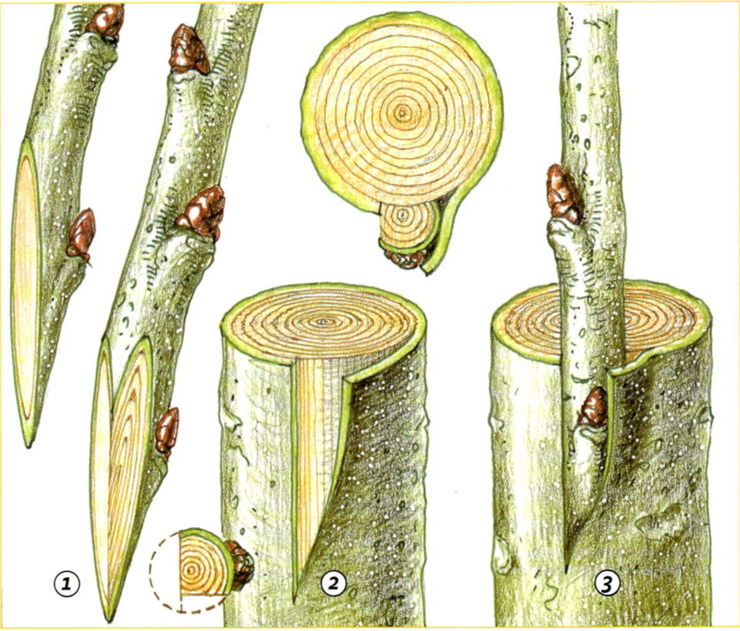

Verbessertes Rindenpfropfen:
1. Das Edelreis erhält einen ovalen Schnitt wie bei der Kopulation. Im rechten Winkel wird ein kleinerer Schnitt ergänzt.
2. Der mehrjährige Ast der Unterlage (Pfropfkopf) bekommt einen Längsschnitt. Die Rinde wird einseitig gelöst.
3. Das Edelreis wird eingeschoben. Der kleinere Schnitt liegt an der nicht gelösten Seite des Pfropfkopfes an. Die Veredlung wird anschließend mit einem Gummiband verbunden und wie bei der Kopulation verstrichen.

TIPP

Achten Sie bei dem Schnitt der Edelreiser darauf, dass die einjährigen Ruten mindestens so dick wie ein Bleistift sind. Je stärker jedoch die Edelreiser sind, desto schwieriger wird das Veredeln.

den der Edelreiser: Im Dezember schneiden Sie einjährige Langtriebe (ca. 60 bis 80 cm) ihrer gewünschten Sorte und lagern Sie kühl und feucht, zum Beispiel in einem Eimer mit feuchtem Sand. Im gleichen Zeitraum „werfen Sie den zu veredelnden Baum ab", das heißt, dass Sie drei bis vier dicke Leitäste und die Mitte etwa auf der Höhe absägen, auf der Sie veredeln wollen. Achten Sie darauf, dass unterhalb der Schnittstellen mehrere dünne Seitenäste stehen bleiben, die so genannten Zugäste. Ende April, Anfang Mai findet dann

***Die Veredlungsstellen** müssen mit Bast oder einem speziellen Kunststoffband fest umwickelt werden.*

***Kirschbaum** nach dem Umpfropfen*

die eigentliche Veredlung statt. Der Baum steht jetzt voll im Saft, die Zugäste haben bereits ihre Blätter. Die Schnittstellen der Leitäste werden nochmals nachgesägt und die Ränder mit einem Messer glatt geschnitten. Anschließend wird die Rinde an den Schnittstellen (Pfropfköpfe) 3 bis 4 cm lang eingeschnitten und an einer Seite vom Holz leicht abgelöst. Vom Edelreis wird ein Triebstück mit drei bis vier Knospen abgeschnitten. Dieses kurze Edelreis erhält anschließend einen langen, schrägen Schnitt (vergleiche Kopulation). Im rechten Winkel zum Hauptschnitt wird jeweils ein kleiner Schnitt ergänzt. Der kleine Schnitt wird an der ungelösten Rinde am Pfropfkopf angelegt und anschließend das Reis eingeschoben. Pro Pfropfkopf

TIPP

Kirschenreiser dürfen nicht in der Nähe von Äpfeln gelagert werden. Bei der Lagerung der Früchte wird das Gas Ethylen frei, das ein vorzeitiges Austreiben der Reiser auslösen kann.

werden zwei bis drei Edelreiser eingesetzt. Die Veredlungen werden anschließend mit Bast fest umwickelt und luftdicht mit Baumwachs verstrichen. Vergessen Sie nicht die Spitzen der Edelreiser mit zu verstreichen.

Die Edelreiser sind in kurzer Zeit angewachsen und treiben noch im gleichen Sommer aus. Im nächsten Jahr werden die schwachen oder von der Stellung ungünstigen Veredlungstriebe entfernt und mit den verbleibenden Trieben wird über mehrere Jahre eine neue Krone aufgebaut.

***Zweites Jahr** nach dem Rindenpfropfen. Das Edelreis ist gut angewachsen und treibt erneut aus.*

Wachstum kennt Gesetze

Alle Pflanzen leben mit den gleichen Wachstumsgesetzen. Schauen wir vor dem Schneiden einmal bewusst auf ihr Wachsen. Hinter jedem Blatt wächst eine neue Knospe, die wiederum einen neuen Trieb garantiert. Der Austrieb der Knospen unterliegt einer strengen Hierarchie und wird von Pflanzenhormonen gesteuert.

Bei einem senkrecht stehenden Trieb hat die oberste Knospe Vorrang vor allen anderen. Sie bringt den stärksten und längsten Trieb hervor. Die nachgeordneten Knospen treiben immer flacher stehende, schwächere und kürzere Triebe aus. Stellen Sie sich einen Feuerwehrschlauch vor: Ohne Knick kommt die Wassermenge ungebremst an – übertragen hat die Spitzenknospe volles Potenzial zu wachsen. Wird der Schlauch immer stärker abgeknickt, kommt immer weniger Wasser an – übertragen wird die Austriebskraft der nachgeordneten Knospen immer schwächer.

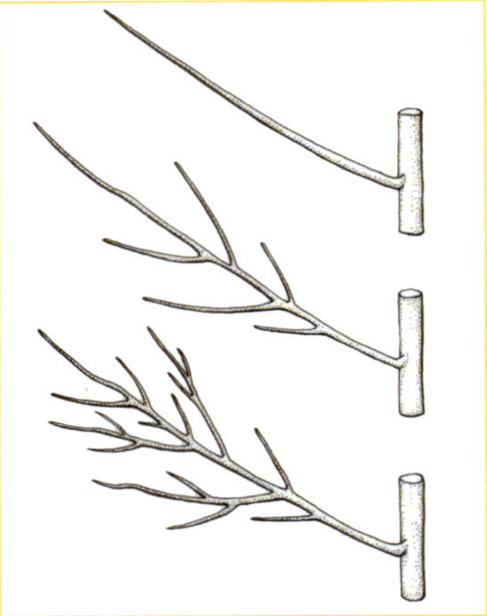

Triebentwicklung in drei Jahren: *oben: unverzeigt im ersten Jahr, Mitte: 1. Generation Seitentriebe, unten: 2. Generation Seitentriebe*

Im nächsten Frühjahr werden sich alle Seitentriebe nach dem gleichen Gesetz weiter verzweigen. Starke, dicke Äste haben auch ein starkes Austriebspotenzial und lange Seitentriebe. Bei schwachen Ästen kann sich die Austriebslänge der Seitentriebe auf wenige Millimeter beschränken.

***Aus der obersten Knospe** ist der stärkste Trieb gewachsen. Die tiefer stehenden Knospen haben flachere und kürzere Triebe ausgebildet.*

Steht ein Zweig waagrecht, treibt die stammnahe Knospe am stärksten, die Knospe am Ende des Astes am schwächsten aus. Ein waagrechter Zweig hat ein deutlich geringeres Wachstumspotenzial als ein schräg oder senkrecht stehender Trieb. Bildet der Trieb einen Bogen, ist die Knospe am Scheitel-

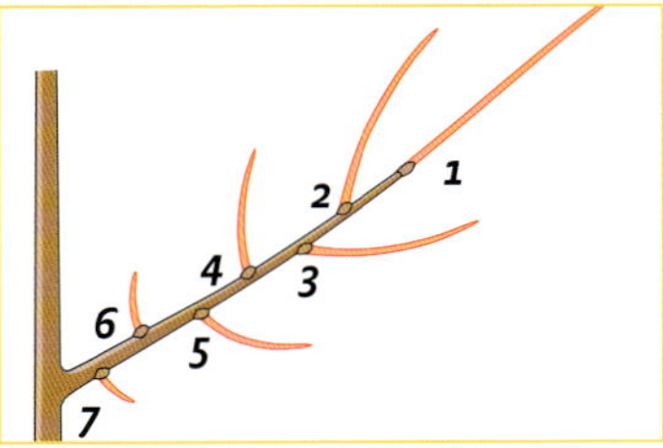

Spitzenförderung: *Die oberste Knospe (1) eines Triebes bildet den stärksten Austrieb. Die nachstehenden Knospen (2 bis 7) treiben immer kürzere und flacher stehende Seitentriebe aus.*

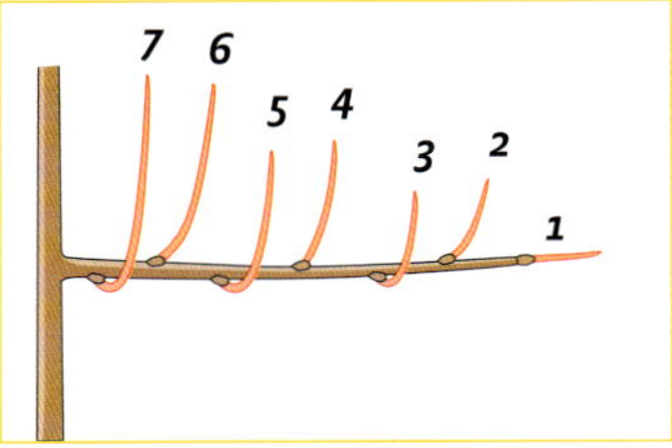

Oberseitenförderung: *Beim waagrechten Zweig treibt die Endknospe (1) am schwächsten und die stammnahen Knospen (6, 7) treiben am stärksten aus.*

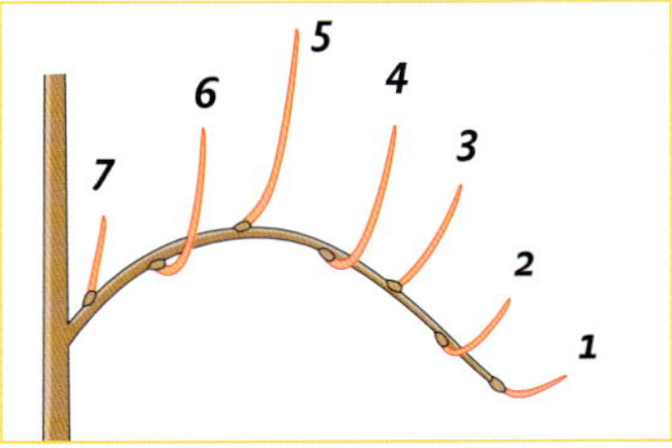

Scheitelförderung: *Im Bogen bildet die Knospe am Scheitel (5) den stärksten Austrieb. Die stammnahen Knospen (6, 7) und die spitzennahen Knospen (1 bis 4) treiben schwächer aus.*

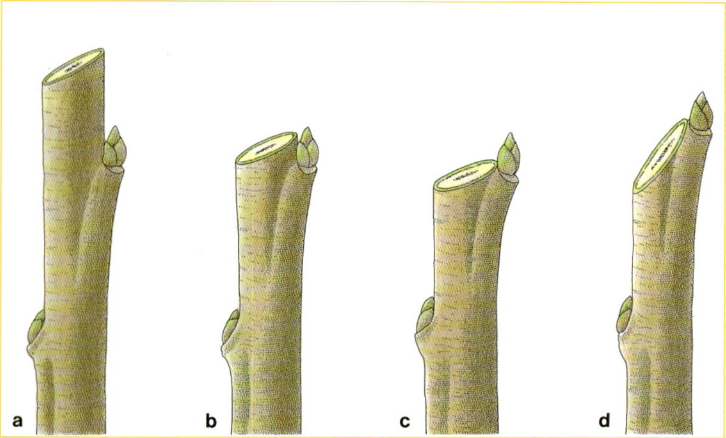

Einkürzen: *a: Der Holzzapfen oberhalb der Knospe ist zu lang. Fäulnis im Holz kann auch die Knospe zerstören, b: Richtig geschnitten, der Schnitt läuft auf Knospenhöhe, c: Schnitt wurde zu nahe an der Knospe ausgeführt, d: Zu schräg angeschnitten, die Knospe droht auszutrocknen.*

punkt die am höchsten stehende und treibt damit auch am stärksten aus. Die Knospen nahe am Stamm und zum Ende des Triebes treiben wesentlich schwächer aus.

Reaktionen der Obstgehölze auf den Schnitt

▸ Einkürzen von Trieben

Stellen Sie sich einen einjährigen, unverzweigten, langen Trieb vor. Bleibt er ungeschnitten, treiben im Frühjahr von der Spitze abwärts laufend Seitentriebe aus, die immer kürzer und flacher werden (siehe Abbildung Seite 20 unten). Wenn Sie den gleichen Trieb im Frühjahr um die Hälfte einkürzen, übernimmt die Knospe unterhalb der Schnittstelle die Rolle der Spitzenknospe. Sie treibt mit den nachfolgenden Knospen wesentlich steiler und stärker aus als am ungeschnittenen Trieb. Führen Sie den Schnitt verschieden stark aus, zeigt sich: Schneidet man nicht, wird eher eine gleichmäßige Seitenverzweigung mit vielen, kürzeren Seitentrieben gefördert. Schneidet man stark, fördert dies das Wachstum weniger, steil stehender, langer Triebe. In den weiteren Kapiteln lernen Sie, welche Triebe bei den einzelnen Obstarten fruchten und welche wir letztendlich fördern wollen.

Einkürzen ohne Überstand

Von Knospe zu Knospe können die Abstände einige Zentimeter betragen. Bleibt oberhalb der Knospe ein Stück Holz stehen, trocknet das Holz ein oder nimmt Krankheiten auf, die sogar die Knospe zerstören können. Gewöhnen Sie sich von Beginn an, sauber und jeweils nahe an den Knospen zu schneiden.

Im Bogen *treiben die Knospen am Scheitel stark, die Knospen am Anfang und Ende des Triebes schwach aus.*

Am eingekürzten Trieb *bilden die obersten zwei, drei Knospen starke, die tiefer stehenden schwache Triebe aus.*

Links: *Starker Rückschnitt bewirkt einen starken Austrieb von wenigen Knospen. Es entstehen viele, starke Leitäste. Die Krone wird dicht.*
Rechts: *Schwacher Rückschnitt führt zu mäßigem Austrieb von vielen Knospen. Es entstehen viele kurze Seitentriebe. Die Krone wird weniger dicht. Licht gelangt in alle Baumpartien.*

Drei Grundschnitte

Was am einzelnen Ast noch klar und überschaubar ist, erscheint uns im dichten Astgewirr alter Bäume und Sträucher unbegreifbar. Aber auch in einem noch so dichten Astgewirr reduziert sich das Beschneiden immer auf drei mögliche Grundschnitte:

1. Einkürzen eines Triebes
2. Umlenken oder Absetzen eines Triebes auf einen anderen
3. Herausschneiden eines ganzen Triebes

Ein Trieb *wird herausgeschnitten.*

Starker Austrieb *nach Rückschnitt*

Ohne Rückschnitt: *Lässt man einen Ast ungeschnitten, entsteht aus der Spitzenknospe eine starke Triebverlängerung. Nach unten werden die Seitentriebe immer flacher und kürzer. Kurze Seitentriebe tragen bei den meisten Obstarten die erwünschten Blütenknospen.*

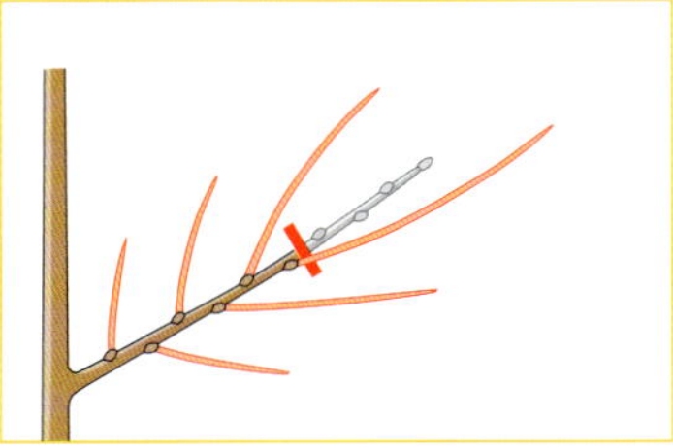

Mäßiger Rückschnitt: *Kürzen Sie einen Ast um ein Drittel, treibt die Knospe an der Schnittstelle am stärksten aus (neue Triebverlängerung). Da sich die Austriebskraft auf weniger verbleibende Knospen verteilt, werden die Seitenäste stärker und steiler als beim ungeschnittenen Ast.*

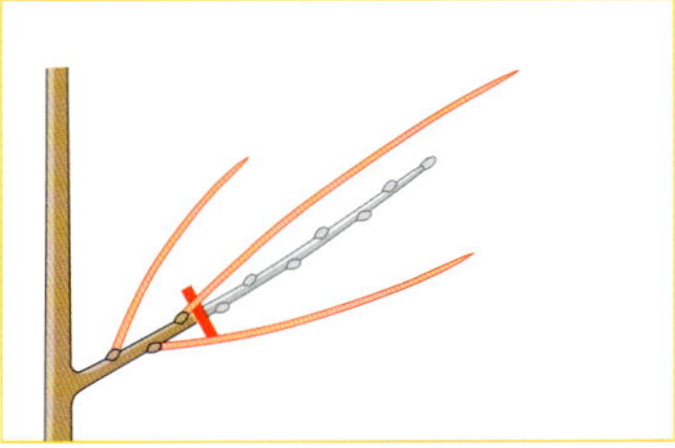

Starker Rückschnitt: *Schneidet man den gleichen Ast sehr stark zurück, bringen die wenigen verbleibenden Knospen starke Langtriebe hervor. Diese Langtriebe tragen bei den meisten Obstarten jedoch nur Blattknospen und keine für die Fruchtbildung erforderlichen Blütenknospen.*

1. Grundschnitt „Einkürzen": *Äste von Baum und Strauch werden innerhalb der einjährigen Triebe oder in ihrem alten verzweigten Holz eingekürzt. Die Schnittstellen bilden das Triebende. Der ankommende Saftstrom staut sich und zwingt die Knospen hinter der Schnittstelle zu starkem Austrieb. Die Krone wird durch diese Schnittart sehr verdichtet. Einkürzen regt Triebwachstum am stärksten an.*

2. Grundschnitt „Umlenken" oder „Absetzen": *Astenden werden auf tiefer stehende Seitenäste umgelenkt oder abgesetzt. Der Saftstrom des Astes trifft am Triebende nicht auf die Schnittstelle, sondern weicht in den Seitentrieb aus. Dieser übernimmt die Funktion des Spitzentriebes. An der Schnittstelle bilden sich kaum neue Triebe. Die Krone wird durch Schnittmaßnahmen nicht künstlich verdichtet. Umlenken regt das Triebwachstum mittelstark an.*

3. Grundschnitt „Entfernen eines ganzen Zweiges": *An Baum oder Strauch wird ein Hauptast oder Seitentrieb ganz entfernt. Der Saftstrom verteilt sich ohne Rückstau in den verbleibenden Ästen. Diese Schnittart bewahrt am stärksten die natürliche Form. Entfernen eines Triebes regt am schwächsten zur neuen Triebbildung an.*

Triebe und Knospenarten

Jedes Frühjahr wachsen aus Knospen neue Triebe. Den wachsenden Trieb nennen wir während der Wachstumsperiode „diesjähriges Holz“, im nächsten Frühjahr bezeichnen wir den gleichen Trieb als „einjähriges Holz“ oder „einjährigen Trieb“. Nach der Bildung von Seitentrieben im zweiten Frühjahr bezeichnen wir ihn als zweijähriges Holz oder zweijährigen Trieb usw.

Quirlholz

Echter Fruchttrieb an Pfirsich

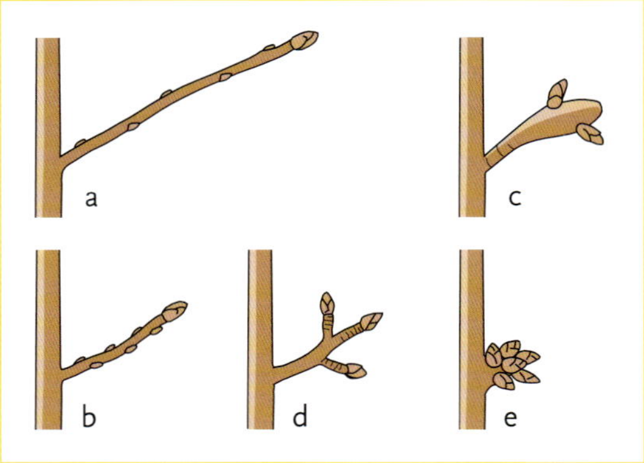

Kurztriebe: *Diese bilden sich an Langtrieben und tragen bei vielen Obstarten Blüten und Früchte.*
a: Fruchtrute
b: Fruchtspieß
c: Fruchtkuchen
d: Quirlholz
e: Bukettknospe

Langtriebe

Sind Triebe länger als ungefähr 60 cm, sprechen wir von Langtrieben. Ist ein alter Baum sehr starkwüchsig oder stark zurückgeschnitten, kann er Trieblängen von 2 bis 3 m schaffen. Diese extrem langen Triebe nennen wir auch Wasserschosse. Langtriebe haben in der Regel ausschließlich Knospen, die wieder Blätter und Triebe hervorbringen. Ausnahmen sind Pfirsiche, Nektarinen, Saukirschen, Schwarze Johannisbeeren und Holunder, die auch an Langtrieben Blütenknospen bilden. Die Knospe in der Spitze nennen wir Terminalknospe. Sie treibt am stärksten aus und ist zuständig für eine direkte Verlängerung des Triebes.

Kurztriebe

Bilden Langtriebe Seitentriebe, wird der Neuzuwachs dieser Triebe von Jahr zu Jahr kürzer. Wir bezeichnen sie als Kurztriebe.
Ab einer Trieblänge von etwa 40 cm und kürzer bilden die meisten Obstarten Blütenknospen. Je kürzer der Seitentrieb, desto sicherer ist der Blütenknospenansatz und damit auch ein möglicher Fruchtertrag. Kurztriebe bezeichnen wir deshalb auch als Fruchtholz.
Je nach Trieblänge unterscheiden wir Fruchtruten (10 bis 40 cm), Fruchtspieße (2 bis 10 cm), Fruchtkuchen, Ringelspieße und Bukettknospen (alle 1 bis 2 cm) und Quirlholz (2 bis 10 cm Fruchtkuchen, Ringelspieße und Bukettknospen mit Verzweigungen). Alle Fruchtholztriebe schließen an ihrem Ende mit einer Blütenknospe ab.
Fruchtruten und Fruchtspieße können entlang des Triebes mehrere Blütenknospen aufweisen.
Diese Knospen sind meistens größer und rundlicher als Blatt-

Fruchtspieß und Fruchtrute *bei Apfel*

***Früchte** aus Bukettknospen an 'Schneiders Späte'*

knospen und deshalb gut erkennbar. Die Bukettknospen bei Süßkirschen bauen sich aus einem Quirl von Blütenknospen auf. Blütenknospen, die im April/Mai aufblühen, werden bereits im Juli des Vorjahres angelegt, wenn die Triebe das Längenwachstum abgeschlossen haben.

Schlafende Augen

An alten Stämmen sind für das bloße Auge keine Knospen mehr zu erkennen. Wird ein Baum auf alte, dicke Stämme zurückgeschnitten, treibt er dennoch neue Triebe aus so genannten schlafenden Knospen oder Augen aus. Schlafende Knospen sind überall unter der Rinde angelegt. Sie sind kaum entwickelt und der Baum setzt sie in Notsituationen ein.
Da sich schlafende Knospen zunächst vollständig entwickeln müssen, verzögert sich ihr Austrieb gegenüber den normalen Knospen manchmal um Wochen oder Monate. Auch neben jeder voll entwickelten Knospe sitzen rechts und links unscheinbare schlafende Knospen. Sie werden aufgerufen, wenn die Hauptknospe oder deren Austrieb versagt oder zerstört worden ist.

Knospenstellungen

Jede Pflanzenfamilie ordnet ihre Knospen typisch entlang des Zweiges an. Bei Holunder (*Caprifoliaceae*, Geißblattgewächse) stehen sich an jedem Trieb immer zwei Knospen gegenüber, also gegenständig. Das nächste Knospenpaar steht um 90° versetzt, also kreuzgegenständig. Bei Äpfeln, Birnen, Kirschen und Zwetschen (*Rosaceae*, Rosengewächse) laufen die Knospen spiralig um den Trieb. Jede sechste Knospe sitzt an gleicher Position.

Übersicht des Fruchtholzes

Länge des Fruchtholzes	Art des Fruchtholzes
10 bis 40 cm	*Fruchtruten*
2 bis 10 cm	*Fruchtspieß*
1 bis 2 cm	*Fruchtkuchen, Ringelspieß und Bukettknospe*
1 bis 10 cm	*Quirlholz: verzweigte Fruchtkuchen, Ringelspieße und Bukettknospen*

Welche Obstart fruchtet an welchen Trieben?

Da es hier große Unterschiede gibt, ist eine Einteilung der Obstarten in fünf Gruppen sinnvoll.
Gruppe 1: Kiwi-Typ
Gruppe 2: Himbeer-Typ
Gruppe 3: Pfirsich-Typ
Gruppe 4: Apfeltyp-Typ
Gruppe 5: Süßkirschen-Typ

Kiwi-Typ

Zu der Gruppe gehören großfrüchtige (behaarte) Kiwis, kleinfrüchtige Kiwis (zum Beispiel 'Weiki') und Reben. Alle drei sind sehr starkwüchsige Obstgehölze. Im ersten Jahr bringen sie oft meterlange Triebe hervor.

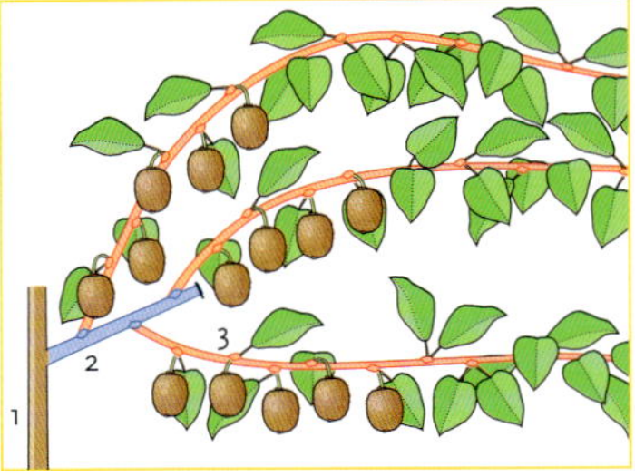

Kiwis *bilden am Haupttrieb (1) Seitentriebe (2). Die nächste Generation Seitentriebe (3) bildet an der Basis Früchte. Bei starkwüchsigen Pflanzen setzen Seitentriebe erst im vierten oder fünften Jahr Früchte an.*

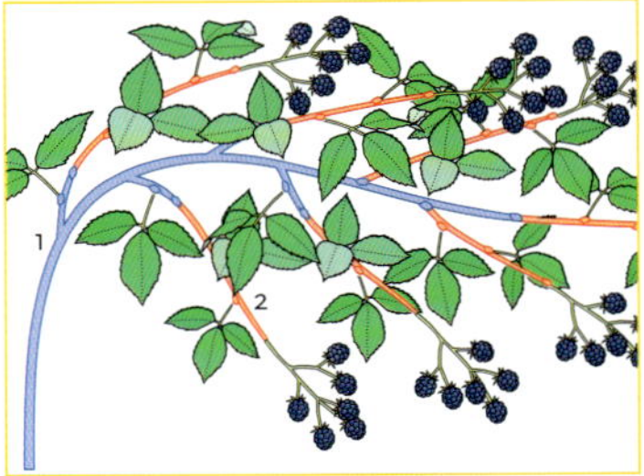

Himbeeren und Brombeeren *bilden im ersten Jahr die Hauptrute (1). Im nächsten Jahr entwickeln sich dann die Blüten und Früchte in den Spitzen der Seitentriebe (2). Die abgeernteten Ruten sterben ab.*

Bei Reben bilden sich bereits im zweiten Jahr beim Wachstum der Seitentriebe in den ersten vier bis fünf Blattachseln Blüten und Früchte aus. Kiwis müssen zunächst drei bis vier Jahre verzweigen. Erst dann sind die Seitentriebe in ihrem Wachstum so gebremst, dass sie auch in ihren ersten vier bis fünf Blattachseln Blüten und Früchte bilden.

▸ Himbeer-Typ

Zu dieser Gruppe gehören zweijährige Himbeeren, Brombeeren und seltenere Obstarten, wie Tayberry (Kreuzung aus Brombeere und Himbeere) und Japanische Weinbeere. Alle bilden im ersten Jahr Ruten ohne Blütenknospen, die je nach Sorte 1,50 m bis 6 m lang werden können. Im nächsten Frühjahr wachsen kürzere Seitentriebe, die in der gleichen Wachstumsperiode an ihren Enden Blütenknospen und Früchte bilden.
Die Gruppe trägt ihre Früchte also am einjährigen Holz und dessen diesjährigen Seitentrieben. Die abgeernteten Ruten sterben ab.
Die Herbsthimbeeren, zum Beispiel die Sorte 'Autumn Bliss' oder 'Blissy', bilden gegenüber den Sommerhimbeeren einen anderen Rhythmus. Sie schaffen es, die Hauptrute und ihre fruchttragenden Seitentrieben in einem Jahr auszubilden. Sie trägt also die Früchte am diesjährigen Holz.

▸ Pfirsich-Typ

Zu dieser Gruppe gehören Pfirsich, Nektarine, Sauerkirsche, Schwarze Johannisbeere und schwarzer Holunder. Diese Obstarten bilden bereits im ersten Jahr an den unverzweigten Langtrieben Blüten-

Sauerkirschblüten *am einjährigen Langtrieb*

Johannisbeeren *am kurzen Seitentrieben*

Zwetschenblüten *an kurzen Seitentrieben*

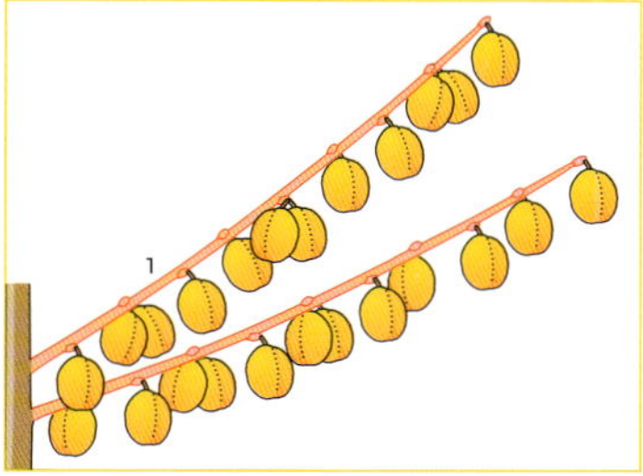

Pfirsich, Nektarine, Sauerkirsche *und Schwarze Johannisbeere tragen Früchte am einjährigen Langtrieb (1). Der diesjährige Langtrieb bildet im Sommer Blütenknospen, die im nächsten Frühjahr Früchte tragen.*

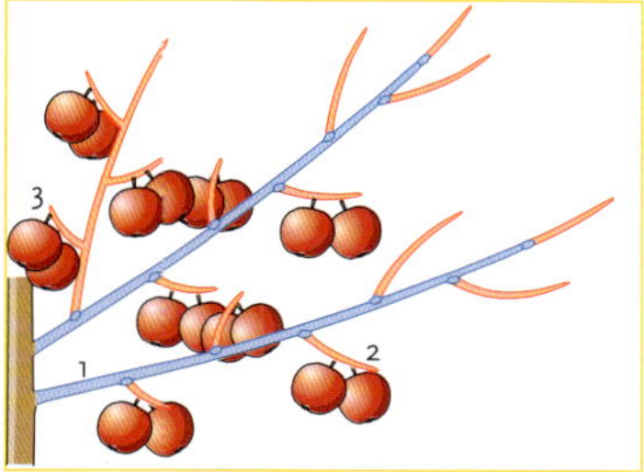

Obstarten*, wie zum Beispiel Apfel, Birne, Zwetsche, Aprikose, Rote und Weiße Johannisbeere, Stachelbeere und Heidelbeere fruchten an kürzeren Seitentrieben (2, 3), die sich aus einjährigen Langtrieben entwickeln (1).*

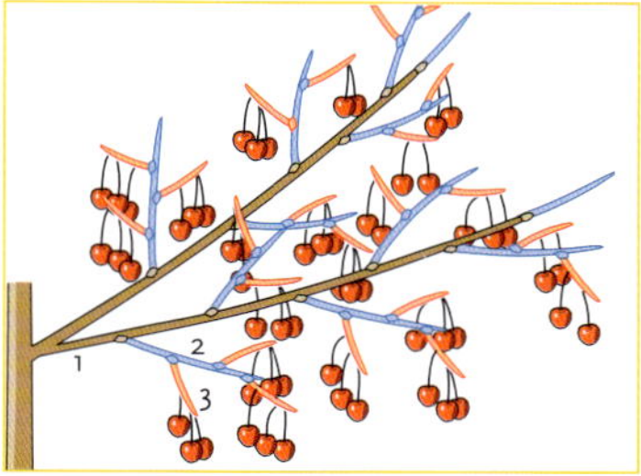

Aus den einjährigen Langtrieben *(1) wachsen Seitentriebe (2). Erst die Seitentriebe der zweiten Generation (3) sind in der Regel in ihrem Wachstum so gebremst, dass sie Blütenknospen ansetzen und fruchten.*

knospen, die im folgenden Frühjahr blühen und Früchte bringen. Sie tragen ihre Früchte also am einjährigen Holz, am Langtrieb. (1. Jahr: Langtrieb mit Blütenknospen, 2. Jahr: Blüten und Fruchtertrag). Bei allen anderen Obstarten setzt der Langtrieb wegen seiner Starkwüchsigkeit noch keine Blütenknospen an.

▸ Apfel-Typ

Zu dieser Gruppe zählt man Apfel, Birne, Zwetsche, Pflaume, Aprikose, Quitte, Mispel, Rote und Weiße Johannisbeere, rote und grüne Stachelbeere, Heidelbeere, Schlehe, Felsenbirne, Wildrose und Scheinquitte. Alle diese Obstarten fruchten nicht an Langtrieben, sondern erst an kürzeren Seitentrieben, die sich aus den Langtrieben entwickeln. Wir bezeichnen die Seitentriebe als Fruchtholz und unterscheiden je nach der Länge.
Jede Generation von Seitentrieben bildet immer wieder Blüten und Früchte. Die Obstarten tragen ihre Früchte also ab dem zweijährigen Holz.
Im ersten Jahr entstehen Langtriebe ohne Blütenknospen, im zweiten Jahr wachsen Seitentriebe mit Blütenknospen und im dritten Jahr bilden sich Blüten und Früchte. Die Wildrose steht am Übergang zum Pfirsichtyp. Sie fruchtet am Ende diesjähriger Seitentriebe eines Langtriebes

▸ Süßkirschen-Typ

Zu diesem Typ gehören Süßkirsche, Walnuss und Haselnuss. Alle drei Arten ähneln dem Apfel-Typ. Die Arten sind sehr starkwüchsig. Die Langtriebe müssen erst zwei bis drei Jahre verzweigen, dann erst sind die Seitentriebe so schwach wachsend, dass sie Blüten und Früchte ansetzen. Die Obstarten in diesem Typ benötigen von allen Arten am wenigsten Schnitt.

Mirabellen *fruchten am zweijährigen Holz, an Kurztrieben.*

Baumformen

Ein Obstbaum ist in der Regel aus einer Veredlung entstanden, das heißt die Edelsorte steht auf einer fremden Wurzel, ihrer Unterlage. Die Wuchskraft der Unterlage bestimmt neben Standort, Boden und Düngung in entscheidendem Maße die Stärke des Kronenwachstums. Eine Sorte kann auf verschieden stark wachsenden Unterlagen veredelt werden. Je nach Wuchskraft ergeben sich verschiedene Baumgrundformen, die wir einerseits nach Stammlängen und andererseits nach Kronenformen unterscheiden:

Stammlänge Nach Stammlängen unterscheiden wir den Hochstamm (Stammlänge ab 160 cm und länger), Halbstamm (120 bis 140 cm), Meterstamm (100 bis 120 cm), Viertelstamm (80 bis 100 cm) und Buschbaum (40 bis 60 cm).

Kronenform Wir unterscheiden Pyramidenkrone, Hohlkrone, Tellerkrone, Spindel und Spalier. Grund-

Die häufigsten Kombinationen von Stammlängen, Kronenformen und Obstarten

Kronenform	Obstart
Hochstamm (ab 160 cm)	
Pyramidenkrone (Rundkrone)	*Apfel, Birne, Süßkirsche, Zwetsche/Pflaume, Walnuss*
Halbstämme (120 bis 140 cm)	
Pyramidenkrone	*Alle Obstarten (unten) und Süßkirsche*
Hohlkrone	*Apfel, Birne, Zwetsche/Pflaume, Sauerkirsche, Pfirsich, Nektarine*
Meterstamm (80 bis 100 cm)	
Pyramidenkrone	*Alle Obstarten (unten) und Quitte, Mispel*
Hohlkrone	*Apfel, Birne, Zwetsche/Pflaume, Sauerkirsche, Pfirsich, Nektarine, Aprikose,*
Tellerkrone	*Zwetsche/Pflaume*
Buschbaum (40 bis 60 cm)	
Pyramidenkrone	*Alle Obstarten (unten) und Süßkirsche, Quitte, Mispel*
Hohlkrone	*Apfel, Birne, Zwetsche/Pflaume, Pfirsich*
Spindel	*Apfel, Birne, Zwetsche/Pflaume, Süßkirsche*
Spalier	*Apfel, Birne, Pfirsich, Nektarine, Aprikose, Quitte*

Hochstamm: *Süßkirsche*

Busch: *Schwarze Johannisbeere*

Rundkrone: *Apfel*

Rundkrone mit drei Leitästen *und dem Mitteltrieb (Stammverlängerung)*

Hohlkrone mit vier Leitästen*. Der Mitteltrieb ist entfernt worden.*

Tellerkrone *mit sieben flach stehenden Leitästen, die gleichmäßig um den Stamm verteilt sind.*

Hohlkrone bei Pfirsich*, aus fünf Leitästen gebildet. Der Mitteltrieb wurde entfernt.*

sätzlich können alle Kronenformen auf allen Stammlängen erzogen werden, aber nicht jede Kombination ist sinnvoll. Der Obstbau hat mit den Erfahrungen der letzten hundert Jahre für jede Obstart die bestmöglichen Kombinationen entwickelt. Die Baumschule legt die Kombination bereits fest. Mit dem Kauf eines Obstbaumes haben Sie also bereits das Wachstumspotenzial, die Stammlänge und in groben Zügen auch die Baumform entschieden. Die Grundformen können Sie mit dem Schnitt nur noch wenig verändern.

▸ Grundform Pyramidenkrone

Pyramiden- oder Rundkronen werden bei Meterstämmen, Halb- und Hochstämmen von Äpfel, Birnen, Süßkirschen und Zwetschen erzogen. Sie bestehen aus drei bis vier Leitästen und dem Mitteltrieb, der Stammverlängerung. Leitäste und Stammverlängerung sind das Gerüst des Baumes, das lebenslänglich erhalten bleibt. Die Leitäste stehen in einem Winkel von etwa 45°, bei Meterstämmen auch flacher, und sind gleichmäßig um den Stamm verteilt. Die Pyramidenkrone ist für mittel- bis stark wachsende Unterlagen geeignet.

▸ Grundform Hohlkrone

Zum Aufbau der Hohlkrone wird zunächst eine Pyramidenkrone erzogen. Nach einigen Jahren wird der Mitteltrieb am obersten Leittrieb entfernt. Damit fehlt zwar Kronenvolumen, aber das Kroneninnere bekommt mehr Licht und Sonne. Die Fruchtqualität wird besser. Die Hohlkrone ist für mittel bis stark wachsende Unterlagen geeignet.

Apfelspindel

***Süßkirschbaum,** als Spindel erzogen*

***Ballerina-Apfel:** von Natur aus Spindel*

▸ Grundform Tellerkrone

Bei der Tellerkrone stehen sieben bis zehn flache Leitäste im Winkel von ca. 60° gleichmäßig um den Stamm verteilt. Der Mitteltrieb wird nach drei bis fünf Jahren herausgeschnitten. Die Triebe der Tellerkrone sind durch die flachere Stellung schwach wachsender als bei der Hohlkrone. Sie wird besonders bei mittelstark- und schwach wachsenden Unterlagen bei Zwetschen angewendet.

▸ Grundform Spindel

Die Spindel besteht aus dem Mitteltrieb als lebenslänglichem Gerüst und waagrecht abgehenden Fruchtästen, die von Zeit zu Zeit gegen jüngere ausgewechselt werden können. Die Ebene der dauerhaften Leitäste fehlt.
Die Fruchtäste sind gleichmäßig entlang des Mitteltriebes verteilt. Die waagrechte Aststellung bringt sehr kurze Triebe. Die Spindel ist besonders für schwach wachsende Unterlagen geeignet. Am häufigsten wird sie bei Äpfeln und Birnen angewendet.

▸ Grundform Spalier

Das Spalier baut sich aus der Stammverlängerung und waagrecht abgehenden Leitästen auf. Die Leitäste sind in der Regel paarweise nach rechts und links angeordnet. Sie können Längen von 10 cm bis 3 m einnehmen. Stammverlängerung und waagrechte Leitäste

***Spindel** mit geradem Mitteltrieb und zahlreichen flach abgehenden Seitentrieben, den Fruchtästen. Die Fruchtäste sind gleichmäßig um den Mitteltrieb herum verteilt.*

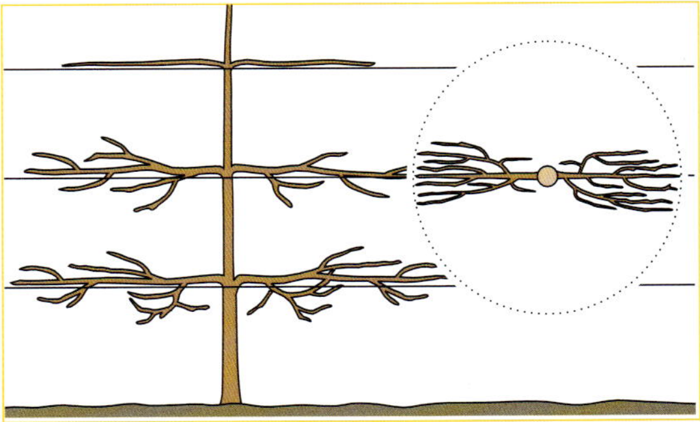

***Ein Spalier,** das aus drei waagrecht stehenden Leitastpaaren aufgebaut ist. Die Leitäste bleiben lebenslänglich erhalten. Die Seitenäste tragen Früchte.*

***Stachelbeere**, als Spalier erzogen*

bilden das lebenslängliche Gerüst. Das Spalier wird an einem Drahtgerüst oder an Gebäuden erzogen. Es ist für mittelstarke und schwache Unterlagen geeignet. Je nach Wuchsstärke der Unterlage kann es aus zahlreichen Leitastpaaren (ca. 3 bis 12) aufgebaut werden. Die Grundform des Spaliers kann vielfältig variiert werden. Der Fantasie sind keine Grenzen gesetzt. Am häufigsten wird sie bei Äpfeln und Birnen angewendet.

Unterlagen

Vor 30 bis 50 Jahren wurden bei den Obstbaumpflanzungen sowohl in den Gärten als auch in den Obstanlagen meistens starke, robuste Unterlagen verwendet. Die großen Bäume wurden jedoch zu teuer, denn Hochstämme sind sehr arbeits- und zeitaufwändig. Während der letzten 30 Jahren haben die Obstbaubetriebe aus wirtschaftlichen Gründen fast ausschließlich schwach wachsende Unterlagen verwendet und der Hobbyanbau profitiert von diesen Erfahrungen. Generell sind alle stark wachsenden Sämlingsunterlagen aus Samen gewachsen. Zur Samengewinnung werden ausgewählte Herkunftsbäume verwendet. Alle anderen Unterlagen sind vegetativ über Pflanzenteile zum Beispiel durch Stecklinge (krautiges Triebstück), Steckholz (verholztes Triebstück) oder Wurzelabrisse vermehrt. Unterlagen werden in Spezialbaumschulen angezogen. Diese verkaufen die Unterlagen an Baumschulen, die Veredlungen durchführen und den fertigen, jungen Baum an den Kunden verkaufen. Beim Kauf des Obstbaumes rückt die Unterlage kaum in das Bewusstsein. Der Kunde wählt die Sorte und die Baumform, die er wünscht: einen Hoch- oder Halbstamm für eine Rundkrone oder einen Meterstamm, um eine Tellerkrone zu erziehen. Die Baumschule hat die Unterlage mit der passenden Baumform kombiniert. Wer etwas tiefer in das Thema einsteigen möchte, findet im Anschluss die wichtigsten Unterlagen der gängigsten Obstarten in der Übersicht.

▸ Unterlagen für Apfelbäume

Innerhalb der Obstarten gibt es bei den Apfelunterlagen die größte Bandbreite verschiedener Wachstumsstärken.

Sämling Die Unterlagen, die aus Apfelkernen, also Samen angezogen werden, sind sehr stark wachsend. Sämlinge unterscheiden sich zwar genetisch, sind aber von der Wachstumsstärke her fast gleich. Sie werden vor allem für Pyramidenkronen bei Hoch- und Halbstämmen verwendet. Sämlinge vertragen sowohl trockene als auch feuchte Standorte. Um einen geraden Stamm zu behalten, benötigen die Bäume die ersten drei bis vier Jahre einen Stützpfahl. In diesen Jahren ist auch eine Baumscheibe zu empfehlen. Dazu wird der Unterwuchs in einem Durchmesser von ungefähr 1 m regelmäßig weggeharkt. Die jungen Baumwurzeln nahe der Oberfläche sollen konkurrenzfrei anwachsen können.

A 2 Dies ist eine stark wachsende, vegetativ vermehrte Apfelunterlage, die ursprünglich aus Schweden kommt. Sie hat etwa 80 bis 90 % der Wuchskraft eines Sämlings. Pflanzt man eine ganze Anlage, sind die Bäume auf *A 2* aus dieser Unterlage in Form und Größe regelmäßiger als vergleichbare Sämlinge. Diese Unterlage wird für Halb- und Hochstämme verwendet.

MM 106 Sie gehört zu den mittelstark wachsenden Unterlagen und hat etwa 30 bis 40 % der Wuchskraft eines Sämlings. Sie ist nur für wasserdurchlässige, eher trockene Böden geeignet. In den ersten Jahren benötigen die Bäume noch einen Stützpfahl, können aber danach lebenslänglich ohne Pfahl auskommen. Die Unterlage wird für Meterstämme und Buschbäume mit ihren verschiedenen Kronenformen verwendet.

M 7 Sie gehört zu den mittelstark wachsenden Unterlagen und hat etwa 30 bis 40 % der Wuchskraft

Sämlingsunterlagen werden vor allem für Pyramidenkronen bei Apfelhoch- und -halbstämmen verwendet.

eines Sämlings. Sie ist auch für schwere, nasse Böden geeignet und kann auf Flächen stehen, auf denen bereits Apfelbäume gepflanzt waren. In den ersten Jahren benötigen die Bäume noch einen Stützpfahl, können aber danach lebenslänglich ohne Pfahl auskommen. M7 wird für Meterstämme und Buschbäume mit ihren verschiedenen Kronenformen verwendet.

M 26 Sie gehört zu den schwach wachsenden Unterlagen und hat etwa 20 bis 25 % der Wuchskraft eines Sämlings. M 26 stellt geringe Bodenansprüche und wird gerne für Buschbäume, vor allem aber für die Spindelform verwendet. Die Profis setzen sie insbesondere bei sehr schwach wachsende Sorten ein. Obstsorten weisen unabhängig von der Unterlage einen sorteneigenen Wuchscharakter auf. Zu den schwach wachsenden Apfelsorten zählen zum Beispiel 'Idared' und 'Topaz'. Die Bäume brauchen lebenslänglich Unterstützung durch einen Pfahl und/oder ein Gerüst.

M 9 Sie gehört zu den schwach wachsenden Unterlagen und hat etwa 15 % der Wuchskraft eines Sämlings. Sie ist die Standardunterlage für Spindelbaumanlagen im Erwerbsobstbau. Die Unterlage braucht beste Böden, das heißt gut mit Wasser und Nährstoffen versorgte, durchlässige Böden. Auf schlechten Standorten, die zu trocken oder zu staunass sind, verliert sie schnell an Wuchskraft, vergreist oder stirbt ab. Gräser und Kräuter sind für die schwach wachsende Wurzel eine zu starke Konkurrenz. Die Fläche unter der Krone sollte deshalb wuchsfrei gehalten werden. Bäume auf M9 brauchen lebenslänglich die Unterstützung durch einen Pfahl oder ein Gerüst. Bei starkwachsenden Sorten, wie Boskoop, wird ausnahmsweise M 27, die schwächste Apfelunterlage verwendet.

▸ Unterlagen für Birnenbäume

Bei den Birnen gibt es weniger Unterlagen als beim Apfel und auch die Bandbreite der verschiedenen Wuchsstärken ist geringer.

Sämling Die wüchsigsten Unterlagen sind diejenigen, die aus Samen, also aus Birnenkernen, angezogen werden. Sie werden vor allem für Pyramidenkronen bei Hoch- und Halbstämmen verwendet. Sämlinge vertragen sowohl trockene als auch feuchte Standorte. Um einen geraden Stamm zu behalten, benötigen die Bäume die ersten drei bis vier Jahre einen Stützpfahl. In diesen Jahren ist auch eine Baumscheibe zu empfehlen. Dazu wird der Unterwuchs in einem Durchmesser von ca. 1 m regelmäßig weggeharkt. Die jungen Baumwurzeln nahe der Oberfläche sollten konkurrenzfrei anwachsen können.

Quitte A Diese Unterlage ist mittelstark. Sie hat etwa 50 % der

Die Apfelunterlage M 27 *gehört ebenso wie M 26 und M 9 zu den schwach wachsenden Unterlagen.*

***Wurzeln** einer schwach wachsenden, etwa fünfjährigen Apfelunterlage M9*

***Deutlich ist hier die Veredlungsstelle** (Unterlage M 9) zu erkennen.*

Wuchsstärke eines Sämlings und ist bis auf die ersten Anwachsjahre ohne Pfahl standfest. Sie wird für Meterstämme, Buschbaum, Spindel und Spalier verwendet. Ihr Holz ist deutlich frostempfindlicher als beim Sämling und sie wird deshalb vorwiegend im Obst- und Weinbauklima gepflanzt. Auf kalkreichen Böden ist sie ungeeignet, da hier Eisen sehr stark im Boden gebunden wird und somit von der Pflanze nicht aufgenommen werden kann. Eisen steuert wesentlich die Blattgrünbildung in der Pflanze. Bei Mangel treten deshalb starke Vergilbungen, so genannte Chlorosen, auf. Einige Birnensorten zeigen bei der Veredlung auf Quitten Unverträglichkeit und wachsen nur schlecht oder gar nicht zusammen. Der Baumschuler umgeht diese Situation, indem er zum Beispiel 'Gellerts Butterbirne' als verträgliche Sorte zwischen Unterlage und Edelreiser veredelt. Sie ist sowohl mit Quitte als auch mit den meisten Birnensorten verträglich.

Quitte C Sie ist eine schwachwüchsige Birnenunterlage, hat aber dennoch ungefähr 30 bis 35 % der Wuchskraft eines Sämlings. Sie wird vorwiegend für Spindelbäume und Spaliere verwendet. Bezüglich Bodenanspruch und Verträglichkeit gilt das gleiche wie bei Quitte A.

▸ Unterlagen für Zwetschen, Pflaumen, Pfirsiche, Nektarinen und Aprikosen:

Bei Zwetschen kann das Wachstum noch nicht so stark gebremst werden, wie bei den Äpfeln. Es fehlen gute, schwach wachsende Unterlagen.

Myrobalane Diese Unterlage ist eine Wildpflaume aus Südosteuropa, die aus Samen gezogen

***Unterschiedliche Wuchsstärken** von Apfelunterlagen von links nach rechts (Wuchsstärke im Vergleich zum Sämling)*
schwach wachsend: M9 (15 %), M 26 (20 bis 25 %),
mittelstark wachsend: M 7 (30 bis 40 %), MM 106 (30 bis 40 %),
stark wachsend: A 2 (80 bis 90 %), Sämling (100 %).

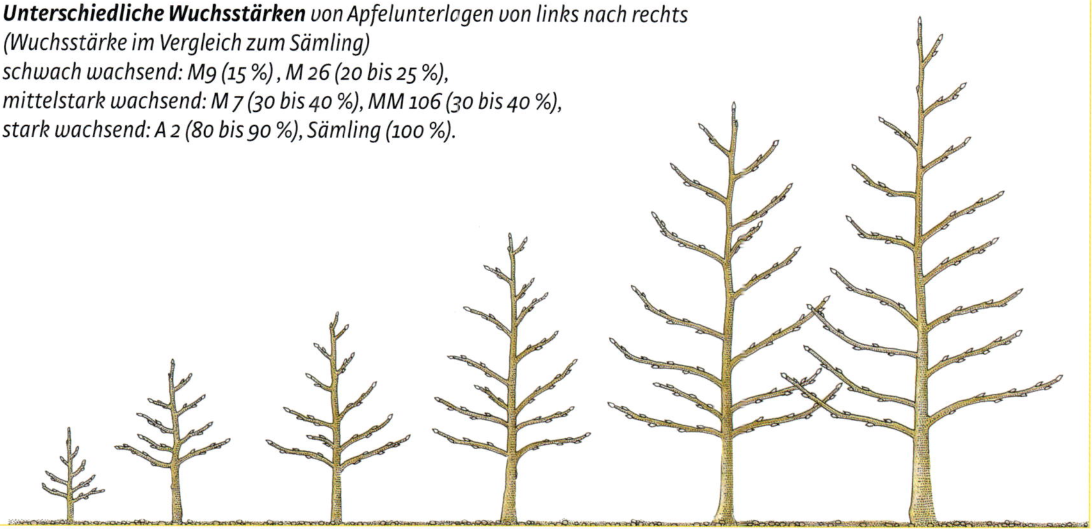

wird. Es ist eine der starkwüchsigsten Zwetschenunterlagen und wird bei Pyramidenkronen bei Halb- und Hochstämmen eingesetzt. Sie ist sehr trockenheitsverträglich und wird in regenarmen Gebieten und auf leichten, eher sandigen Böden bevorzugt.

GF 8/1 Diese Unterlage ist genauso stark wachsend wie die Myrobalane, kann aber auf feuchteren Böden oder sogar bei Staunässe eingesetzt werden. Sie neigt allerdings zu starker Wurzelschossbildung. Im Gegensatz zu Myrobalane zeigen Edelsorten auf dieser Unterlage eine deutlich höhere Fruchtbarkeit.

St. Julien A Sie zählt zu den mittel bis stark wachsenden Unterlagen und hat etwa 70 bis 80 % der Wuchsstärke einer Myrobalane. Sie überträgt auf die Edelsorten eine flachere Triebstellung und eine gute Verzweigung. Diese Unterlage hat keine besonderen Bodenansprüche und verträgt auch schwere, lehmige Böden. Außerdem ist sie standfest. Ein großer Nachteil sind jedoch die vielen Wurzelschosse, die jährlich zu entfernen sind. Eine häufig verwendete Selektion ist GF 655/2.

Süßkirschen *auf stark wachsenden Wurzeln*

Sie wird besonders für Tellerkronen und Spindelbäume eingesetzt.

Ferely Diese Unterlage ist, vergleichbar mit St. Julien, mittel bis stark wachsend. Sie wird besonders für Tellerkronen und Spindelbäume eingesetzt. Ein großer Vorteil liegt darin, dass sie kaum Wurzelschösslinge bildet und die veredelten Sorten schnell in hohe Erträge kommen. Sie kann gut feuchte bis staunasse Böden vertragen.

Unterlagen für Süßkirschen

Bei Süßkirschen gibt es ebenfalls noch keine ausgeprägt schwach wachsenden Kirschunterlagen. Weiroot-Unterlagen und Gisela 5 zeigen zudem je nach Regionen große Unterschiede bezüglich der Sortenverträglichkeit.

Sämling 'Hüttners Hochzucht' Dieser Sämling ist die starkwüchsigste Kirschunterlage. Sie wurde aus Vogelkirschen selektiert und wird aus Samen vermehrt. 'Hüttners Hochzucht' wird eingesetzt für Rundkronen bei Halb- und Hochstämmen und ist mit allen Süßkirschen-, Brennkirschen- und Sauerkirschsorten verträglich.

F 12/1 Diese Vogelkirsche wurde in England selektiert und zählt zu den stark wachsenden Unterlagen. Sie weist ca. 80 bis 90 % der Wuchsstärke von 'Hüttners Hochzucht' auf. F12/1 wird vegetativ vermehrt und bringt deshalb sehr gleichmäßige Bäume hervor. Sie wird für Rundkronen bei Halb- und Hochstämmen verwendet. Im Brennkirschanbau wird sie auch als Spindelbaum eingesetzt.

Colt Sie gehört zu den mittel bis stark wachsenden Unterlagen und weist ca. 70 % der Wuchskraft von 'Hüttners Hochzucht' auf. Colt verträgt sehr gut feuchte und schwere Standorte und ist hierin den Vogelkirschunterlagen überlegen. Sie wird besonders für Rundkronen und Hohlkronen bei Meterstämmen, Buschbäumen sowie für Spindel- und Spalierformen verwendet. An der Veredlungsstelle bildet sie jedoch gerne einen dicken Wulst. Bei einigen Sorten zeigen sich nach Jahren Unverträglichkeit und Absterbeerscheinungen.

Weiroot Diese Unterlagen wurden in Weihenstephan (bei München) selektiert (Wei = Weihenstephan, root = engl. für Wurzel) und sind unterschiedlich schwach wachsend. Im Handel sind W 158, die etwa 50 % Wuchskraft einer Vogelkirsche besitzt, und W 154, die ca. 40 % aufweist. Sie werden insbesondere für die Spindelbaumerziehung eingesetzt. Die Erfahrungen der Praxis unterscheiden sich allerdings stark in den einzelnen Regionen. Die Unterlagen können nach drei bis fünf Jahren mit zahlreichen Sorten Unverträglichkeit zeigen, so dass die veredelten Sorten absterben.

Gisela 5 Diese Unterlage wurde in Gießen gezüchtet (Gi = Giessener, Sel = Selektion, a = Arbeiten). Sie hat ca. 40 bis 50 % der Wuchskraft der Vogelkirsche und ist eine der schwächsten Kirschenunterlagen. Sie zeigt in vielen Regionen eine gute Sortenverträglichkeit und wird zur Zeit am häufigsten für die Spindelbaumerziehung eingesetzt.

Allgemeine Schnitt-Praxis

Werkzeuge

Das A und O beim Schneiden sind scharfe Werkzeuge, damit Sie mühelos saubere, glatte Schnitte erreichen. Gute Geräte erleichtern die Arbeit und bringen weniger Ärger. Fragen Sie im Handel nach Werkzeugen für den Profi. Sie haben ihren Preis, sind aber auf Dauer die billigere Lösung.

▸ Grundausstattung

Zur Grundausstattung gehören eine Baumschere und eine Bügelsäge. Empfehlenswerte Baumscheren sind einschneidig mit gut geschliffener Klinge. Sie hinterlassen wenig Quetschungen. Zwischen den beiden Scherenholmen befinden sich Gummipuffer zur Schonung des Handgelenks.
Der Rahmen ist aus Leichtmetall.

Ausstattung zum Schnitt: *Leiter, Bügelsägen, Stielsäge, Baumschere*

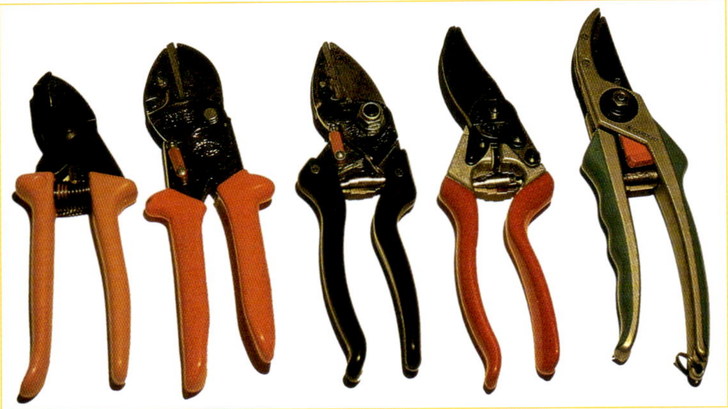

Verschiedene Typen von Baumscheren

Oben: *Bügelsäge mit verstellbarem Sägeblatt,* ***Mitte:*** *Schwertsäge mit einklappbarem Sägeblatt,* ***unten:*** *Schwertsäge, nicht einklappbar.*

Die Griffe sind kunststoffüberzogen und liegen auch bei Kälte gut in der Hand. Eine Profischere kann in der Regel in Einzelteile zerlegt werden und alle Teile sind ersetzbar. Profimarken haben auch Spezialscheren für den Linkshänder und bieten für unterschiedliche Handgrößen verschiedene Griffformen und -längen an. Sind Äste dicker als 2 cm, kommt eine Bügelsäge zum Einsatz. Eine Bügelsäge mit einem etwa 40 cm langen Sägeblatt ist eine Allroundsäge, mit der Sie alle anfallenden Äste im Garten sägen können. Ihre wichtigste Eigenschaft ist ein verstellbares Sägeblatt, das auswechselbar ist. Durch einen Spannhebel kann man auch während des Sägevorgangs die Blattstellung verändern. Bei engen Aststellungen erreichen Sie dadurch jeden Ast und schonen opti-

***Eine gängige Werkzeugausstattung** besteht aus Astschere, Bügelsäge mit verstellbarem Sägeblatt, Schwertsäge und Baumschere.*

mal den Astring. Wird die Säge über Wochen nicht gebraucht, sollten Sie den Spannhebel öffnen. Den Bügel können Sie aus Stahl oder aus dem leichteren Aluminium bekommen.

▸ Zusatzausstattung

Eine Zweihandschere oder Astschere und eine kurze Schwertsäge sind Werkzeuge, die in manchen Situation sehr nützlich sein können. Zweihandscheren sind Baumscheren mit besonders langen Griffen. Man kann sie als zweischneidige Schere oder als Ambossschere kaufen. Die Astschere erleichtert die Arbeit beim Auslichten alter Beerensträucher. Bei Spindelbäumen ermöglicht sie es uns, bis zu einer Baumhöhe von etwa 2,5 m ohne Leiter zu schneiden. Die Arbeit geht schneller, aber etwas auf Kosten von exakter Schnittführung.

Manche Astscherentypen weisen eine Kraftübersetzung auf, wodurch Sie beim Schnitt weniger Kraft benötigen.

Schwertsägen sind zusammenklappbar und deshalb beim ständigen Wechsel von Schneiden und Sägen im Köcher oder der Tasche stets griffbereit. Schwertsägen gibt es mit verschieden langen Sägeblättern. Gut geeignet sind Längen von 16 cm bis 25 cm. Die Sägen arbeiten auf Zug, das heißt: Bewegt man die Säge zum Körper hin, wird gesägt, vom Körper weg wird das Sägemehl ausgeräumt. Da das Sägeblatt der Schwertsäge nicht verstellbar ist, kann sie bei engen Aststellungen nicht eingesetzt werden. Beim Schnitt von Spindelbäumen mit flachen Astwinkeln kann mit der Schwertsäge leicht auf Astring geschnitten werden. Deshalb ist sie als kleine, handliche Säge bei den Profis sehr verbreitet und wird gegenüber der Bügelsäge bevorzugt.

Stiel- oder Stangensägen und -scheren haben einen 2 bis 4 m langen Arm. Sie werden bei hohen Bäumen eingesetzt, wenn kleine und mittlere Äste vom Boden aus abgesägt werden sollen. So vermeidet man die Arbeit auf der Leiter, die Exaktheit der Schnitte leidet allerdings etwas darunter.

TIPP

Es gibt auch spezielle Werkzeuge und Scheren für Linkshänder – fragen Sie im Gartenfachhandel danach.

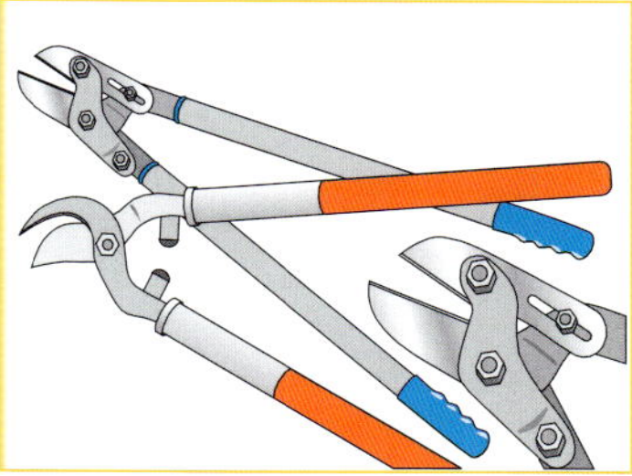

***Astschere** als Ambossschere (oben) und zweischneidige Astschere (unten). Bei der Ambossschere ist die Kraftübersetzung (Detailzeichnung) erkennbar.*

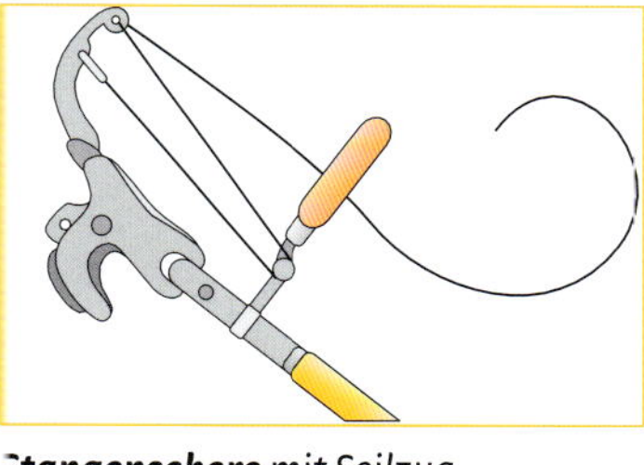

***Stangenschere** mit Seilzug*

Rundkrone bei Halb- und Hochstämmen

Bei Rundkronen stehen Leitäste gleichmäßig um den Mitteltrieb verteilt. Sie können auf mittel und stark wachsenden Unterlagen erzogen werden. Am häufigsten sind sie als Pyramidenkronen zu sehen. Bei ihnen bleibt der Mitteltrieb, die Stammverlängerung, lebenslänglich in der Krone erhalten. Seltener sieht man Pyramidenkronen, bei denen die Mitteltriebe entfernt wurden, so genannte Hohlkronen. Rundkronen finden wir traditionell bei Apfel, Birne, Zwetsche, Mirabelle und Pflaume. Walnussbäume werden wegen ihrer Größe kaum geschnitten und haben in der Regel Naturkronen. Quitten, Pfirsiche, Aprikosen oder Sauerkirschen sind eher schwachwüchsig, so dass man oft auf regelmäßig aufgebaute Rundkronen verzichtet.

▸ Aufbau der Pyramidenkrone

Hoch- und Halbstämme werden auf stark wachsenden Unterlagen veredelt. Ihre Kronen können also gleich groß werden. Sie unterscheiden sich nur in der Stammlänge. Ein Hochstamm hat beim Kauf mindestens eine Stammlänge von 160 cm. Der Halbstamm weist eine Stammlänge von 120 bis 140 cm auf. Meterstämme sind auf mittelstarke Unterlagen veredelt. Die Kronen bleiben bei ihnen kleiner als bei Halb- und Hochstämmen.
Bei Pyramidenkronen stehen die Äste gleichmäßig um den Stamm verteilt. Wir unterscheiden den Mitteltrieb als Stammverlängerung, Leitäste und deren Seitenäste. Die mehrjährigen Seitenverzweigungen der Leitäste bezeichnen wir auch als Fruchtäste oder Fruchtholz. Der Mitteltrieb erhebt sich als Spitze deutlich über drei bis vier Leittrieben. Diese Leittriebe bilden zum Stamm jeweils einen Winkel von etwa 45° bis 50°. Sie tragen in der Zukunft das ganze Gewicht der Seitenäste mit deren Früchten.

***Die Veredlungsstelle** bleibt frei. Baum und Pfahl werden mit einer Schlinge in 8er-Form angebunden.*

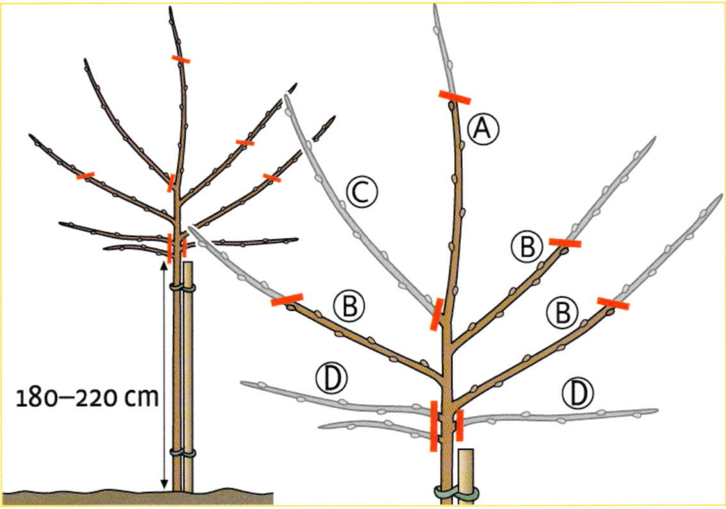

***Ein guter Jungbaum** hat einen geraden Stamm und Mitteltrieb. Außer dem Konkurrenzast des Mitteltriebes weist er drei bis vier mittelsteile Jahrestriebe auf von etwa 50 bis 100 cm Länge. Zusätzlich können zwei bis vier flach abgehende, kürzere Triebe vorhanden sein. Beim Pflanzschnitt werden die Leitäste (B) um ein Drittel bis zur Hälfte auf eine nach außen stehende Knospe eingekürzt. Der Mitteltrieb (A) endet 15 bis 25 cm über den Leittrieben. Der Konkurrenztrieb (C) des Mitteltriebes und flache Kronenäste (D) werden ganz entfernt.*

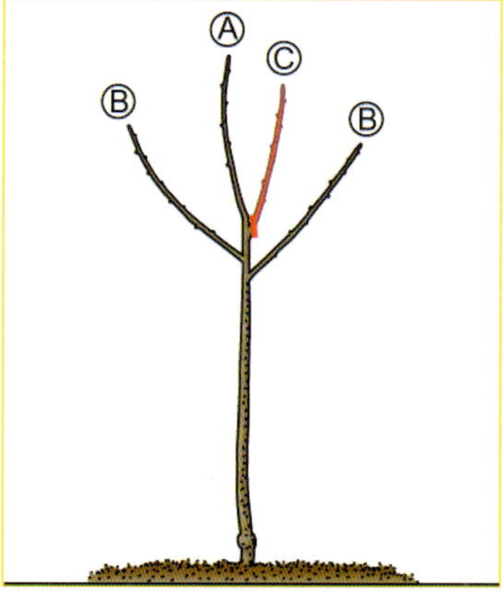

Schlechte Pflanzqualität mit zu wenig steilen Ästen: *Wird der steile Konkurrenzsast (C) entfernt, hat der Baum neben der Stammverlängerung (A) nur zwei Leittriebe (B). Die Krone entwickelt sich nicht rund.*

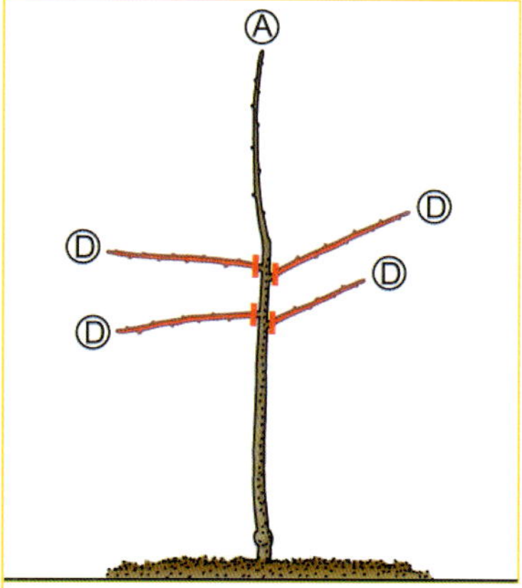

Schlechte Pflanzqualität mit zu vielen, zu flachen Ästen: *Die vorhandenen Kronenäste (D) sind zu flach. Sie werden dem Gewicht der Früchte nicht stand halten und müssen entfernt werden. Die Stammverlängerung (A) sollte eingekürzt und eine neue Krone aufgebaut werden.*

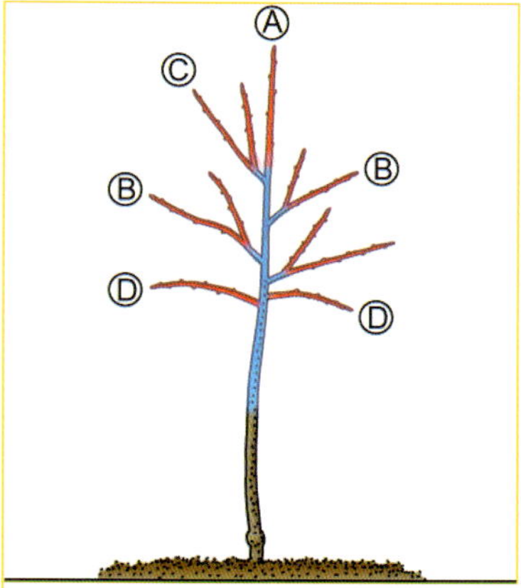

Schlechte Pflanzqualität mit zurückgeschnittener und überalterter Krone: *Die Kronenäste sind zweijährig. Die einjährigen Triebe wurden im letzten Jahr nicht zurückgeschnitten und haben sich verzweigt (B). Die Leitäste sind bei diesem Baum nicht klar aufgebaut.*

▸ Pflanzung

Der Baum wird nur so tief gepflanzt wie er auch in der Baumschule gestanden hat. Sie erkennen die Höhe an der Hellfärbung des Wurzelhalses. Die Veredlungsstelle bleibt deutlich über dem Boden. Das Pflanzloch ist so groß, dass keine Wurzeln gestaucht werden. Der Pfahl wird auf der Hauptwindseite eingeschlagen und endet unterhalb der ersten Kronenäste. Wählen Sie eine breite Sisalschnur und binden Sie Baum und Pfahl mit einer Schlinge in 8er Form an. Das verhindert, dass der Stamm am Pfahl reibt und verletzt wird.

▸ Pflanzschnitt

In der Baumschule haben die Obstbäume beim Roden einen großen Teil ihrer Wurzeln verloren. Der Pflanzschnitt soll Krone und Wurzeln wieder ins Gleichgewicht bringen und die Äste fördern, die die zukünftige Krone aufbauen sollen. Der optimale Grundaufbau einer jungen Krone besteht aus einem geraden Mitteltrieb und drei bis vier Leitästen, die in einem Winkel von 45° bis 50° zur Mitte abstehen. Zunächst werden deshalb überflüssige Äste herausgeschnitten: Zuerst der Konkurrenztrieb der Mitte, der direkt unterhalb des Mitteltriebes steht. Er ist sehr steil und bereits fast genauso stark wie der Mitteltrieb selbst. Bleibt er, würde der Baum zwei Mitten bilden. Anschließend werden sehr flach abgehende Äste entfernt. Sie erreichen aufgrund der flachen Stellung als

Erziehung *einer Pyramidenkrone*

Leitäste zu wenig Stabilität. Danach kürzen Sie die Leittriebe um ein Drittel bis zur Hälfte so ein, dass die oberste Knospe nach außen gerichtet ist. Die Leitäste sollten etwa auf einer Höhe enden, der so genannten Saftwaage. Der Mitteltrieb wird anschließend so stark herabgesetzt, dass er die gekürzten Leitäste um 15 bis 25 cm überragt. Die Endknospe wird dabei so ausgerichtet, dass sie den Bogen des Mitteltriebes beim Wachsen ausgleicht.

▸ Aufbau- oder Erziehungsschnitt

Je stärker der Pflanzschnitt erfolgt, desto kräftiger ist der Neuaustrieb. Entsprechend der Wachstumsgesetze treiben die oberen Knospen eines Triebes steil und stark aus, die tiefer stehenden flach und schwach. In den nächsten vier bis sechs Jahren erfolgt der Aufbau- oder Erziehungsschnitt der Krone. Während dieser Zeit werden die drei bis vier Leitäste und der Mitteltrieb immer wieder nach dem gleichen Prinzip geschnitten: Die Austriebe der obersten Knospen bilden jeweils die Verlängerung der Leittriebe und des Mitteltriebes. Alle steilen Äste, die mit ihnen konkurrieren, werden herausgeschnitten. Flachere, kürzere Seitenäste bleiben ungeschnitten. Der Zuwachs der Leitäste und des Mitteltriebes wird um ein bis zwei Drittel eingekürzt. Schwächere Leittriebe wird stärker gekürzt, stärkere Leittriebe schwächer. Damit sollen sie an die gleiche Wuchsstärke herangeführt werden. Die Endknospen sind nach außen gerichtet und stehen bei allen drei Leitästen etwa auf einer Höhe. Das Einkürzen der Leitäste und der Mitte macht sie stark und bereitet sie vor, später das Gewicht einer Vollernte tragen zu können. Das Entfernen der Konkurrenzäste sorgt dafür, dass die Krone nicht zu dicht wird.

Die ungeschnittenen Seitentriebe beginnen in zwei Jahren zu blühen und erste Früchte zu bilden. Ein Schnitt dieser Triebe würde das Triebwachstum fördern und das Fruchten verzögern. Fruchtbildung

Aufbauschnitt

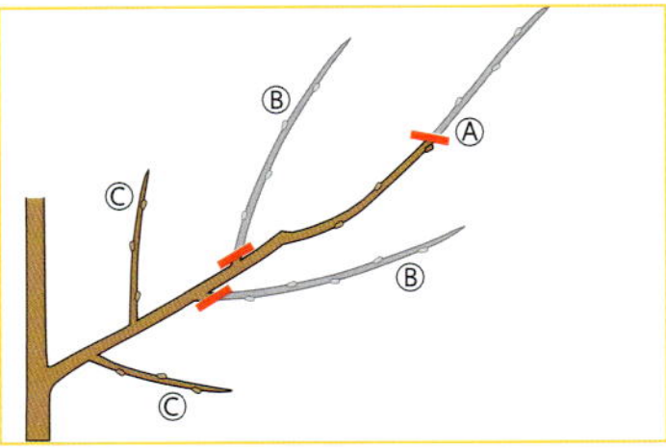

***Grundschnitt der Leitäste:** Steile Seitenäste (B) konkurrieren mit der Triebverlängerung der Leitäste und werden ganz entfernt. Flachere Seitenäste (c) bleiben ungeschnitten. Die Triebverlängerung des Leitastes (A) wird um ein Drittel bis zur Hälfte auf eine Knospe zurückgeschnitten, die nach außen gerichtet ist.*

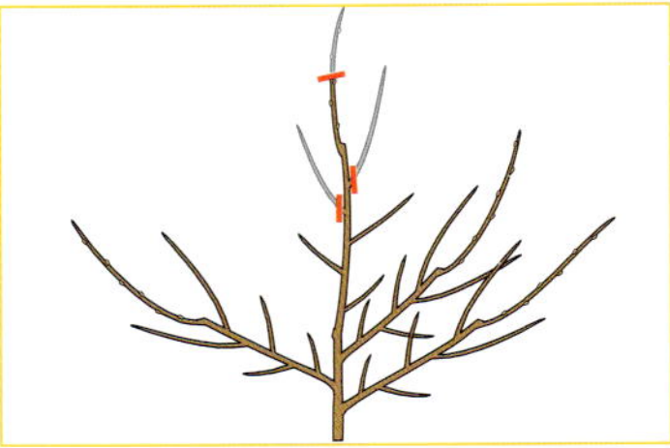

***Ein Jahr nach dem Pflanzschnitt** haben der Mitteltrieb und die Leitäste stark ausgetrieben. Alle steilen Seitenäste des Mitteltriebes werden als Konkurrenzäste entfernt. Der Mitteltrieb wird innerhalb des Jahreszuwachses um ein bis zwei Drittel zurückgeschnitten und treibt im Frühjahr wieder stark aus.*

TIPP

Man beginnt den Aufbauschnitt mit der Entfernung aller Konkurrenztriebe der Leitäste und der Stammverlängerung.

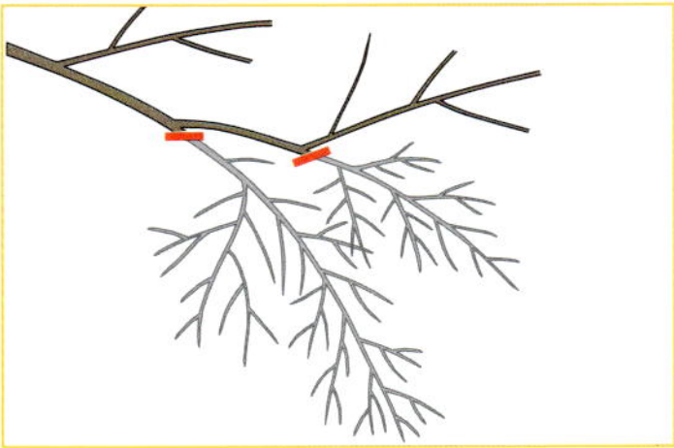

***Das nach unten hängende Fruchtholz** wird auf nach oben gerichtete Zweige umgelenkt.*

Die flachen Seitenäste *(A) von Mitteltrieb und Leitästen bleiben ungeschnitten. Die Leitäste werden um ein bis zwei Drittel auf Knospen eingekürzt, die nach außen stehen.*

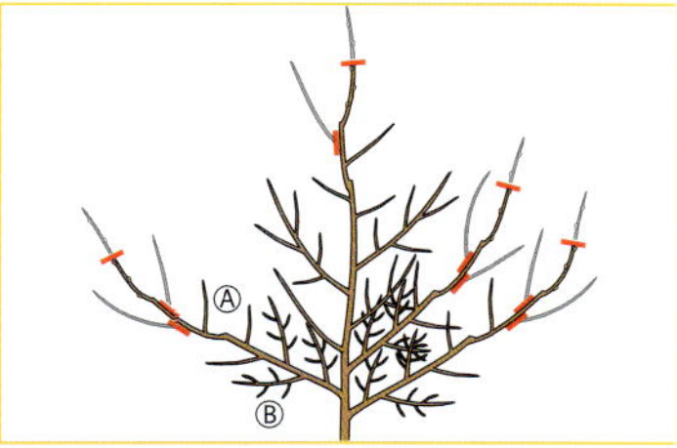

Zwei Jahre nach dem Pflanzschnitt *wird der Grundschnitt in den Spitzen der Leitäste und des Mitteltriebes fortgesetzt, die Konkurrenzäste werden entfernt. Die ungeschnittenen Seitenäste (A) verzweigen. Mit kürzer werdendem Triebzuwachs werden an den Unterverzweigungen (B) Blütenknospen gebildet.*

Drei Jahre nach dem Pflanzschnitt *trägt die Verzweigung der dritten Generation (A) die ersten Früchte. Der Grundschnitt in den Spitzen der Leitäste wird noch weitere zwei bis drei Jahre fortgesetzt: Die Konkurrenztriebe werden entfernt und der Jahreszuwachs des Spitzentriebes eingekürzt. Früchte bremsen das Triebwachstum.*

verbraucht Energie. Wird die Krone größer und verzweigter, gibt es mehr kurze, fruchttragende Äste und immer weniger starke, lange Neutriebe. Am Ende der Erziehungszeit halten sich Fruchtbildung und Triebzuwachs die Waage.

▸ Erhaltungsschnitt

In der nächsten Phase geht es darum, regelmäßig die ältesten Fruchtholzpartien zu entfernen. Das Fruchtholz wächst von Jahr zu Jahr weniger und besteht nach einigen Jahren fast ausschließlich aus Quirlholz. Ohne Rückschnitt bildet der Baum bald keine längeren Triebe mehr und vergreist.

Mit einem gemäßigten Rückschnitt, der alle zwei bis drei Jahre stattfindet, halten Sie Triebwachstum und Fruchtbildung im Gleichgewicht. Entfernen Sie das älteste Fruchtholz, das sich unter dem jährlichen Gewicht der Früchte am stärksten abgesenkt hat, indem Sie dieses sehr kurztriebige, hängende Fruchtholz (Quirlholz) auf längeres, vitaleres, leicht nach oben gerichtetes Fruchtholz (Fruchtspieße und -ruten) umlenken. Damit entfernen Sie etwa ein Viertel des ältesten Fruchtholzes. Das Triebwachstum wird so schwach bis mittelstark angeregt.

Verjüngungsschnitt: *Die unteren Bögen sollten entfernt werden.*

▸ Verjüngungsschnitt

Der Verjüngungsschnitt ist im Prinzip ein stärkerer Erhaltungsschnitt. Wurden Bäume über 10 bis 20 Jahre nicht geschnitten, ist die Krone

Ideale Birnenkrone *– regelmäßiger, kurzer Fruchtholzschnitt*

Ungefähr 50-jähriger Apfelbaum *vor dem Verjüngungsschnitt …*

… und nach dem Verjüngungsschnitt

sehr stark vergreist. Das Innere des Baumes bekommt wenig Licht. Dieser Lichtmangel führt dazu, dass immer mehr Äste absterben. Das Fruchtholz besteht nur noch aus sehr schwach wachsendem Quirlholz. Sind Stamm und Leitäste des Baumes gesund und unverletzt, lohnt sich ein starker Verjüngungsschnitt. Während beim Erhaltungsschnitt kleinere Astpartien des alten, abgetragenen Fruchtholzes entfernt werden, sind die Schnitte beim Verjüngungsschnitt deutlich gröber. Das kann bedeuten, dass die Leitäste um ein Drittel eingekürzt werden, indem sie auf einen stammnäheren Fruchtast umgeleitet werden. Verteilen Sie die groben Schnitte auf zwei bis drei Jahre, da sonst das Triebwachstum zu stark auf einmal angeregt wird.

Alte Äste absägen Beim Verjüngungsschnitt oder nach Unwettern, kann es erforderlich sein, stärkere Äste abzusägen. Dazu verwenden Sie eine Bügelsäge mit verstellbarem Sägeblatt. Damit der Ast durch sein Eigengewicht beim Sägen nicht noch im letzten Moment absplittert oder die Rinde mitreißt, sollten Sie in drei Schritten vorgehen: Zuerst sägen Sie den Ast 20 bis 40 cm von der endgültigen Schnittstelle entfernt von unten ein paar Zentimeter tief ein. Danach sägen Sie den Ast oberhalb des Vorschnittes ab. Anschließend wird der Stummel so entfernt, dass der Astring unbeschädigt bleibt.

Wundbehandlung

Direkt nach dem Schnitt sind auf der Schnittfläche schon Bakterien oder Pilze zu finden. Überstreicht man anschließend die Wunde mit einem Verschlussmittel, werden die Krankheitserreger darunter lebend eingeschlossen und das Holz kann faulen. Offizielle Versuche der letzten Jahre haben ergeben, dass offene und verstrichene Schnittflächen genauso oft gesund bleiben oder faul werden. Ich verzichte daher schon seit Jahren darauf, Wunden zu verstreichen. Bei großen Schnittflächen empfehle ich, einen Rand von etwa ein 1 bis 2 cm Breite mit Wachs oder Wundverschlussmitteln zu verstreichen. Das schützt das hinter der Rinde frei liegende Kambium vor Austrocknung.

Wasserschosse

Mit „Wasserschossbaum" wird ein Baum bezeichnet, der sehr lange und viele Jahrestriebe entwickelt hat. Wurden große Teile der Krone weggeschnitten, hat die Wurzel einen großen Nährstoffüberschuss. Die „fehlenden" Kronenteile werden deshalb auf schnellstem Wege wieder durch neue Triebe ersetzt.

1. Der Ast *wird zunächst von unten ein Drittel bis ein Viertel eingesägt.*

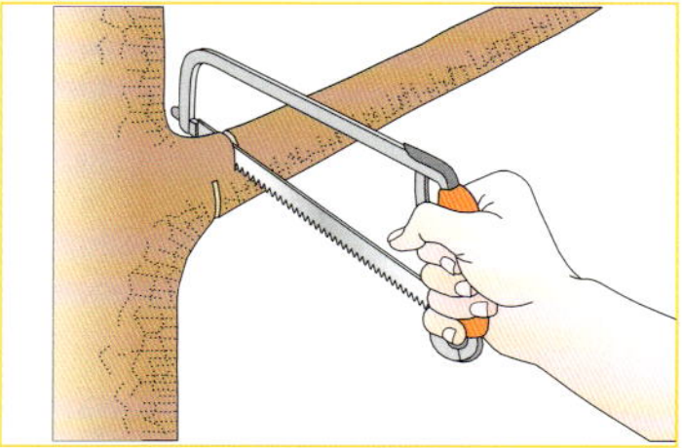

2. Danach sägen Sie *den Ast von oben leicht versetzt zum unteren Schnitt ab.*

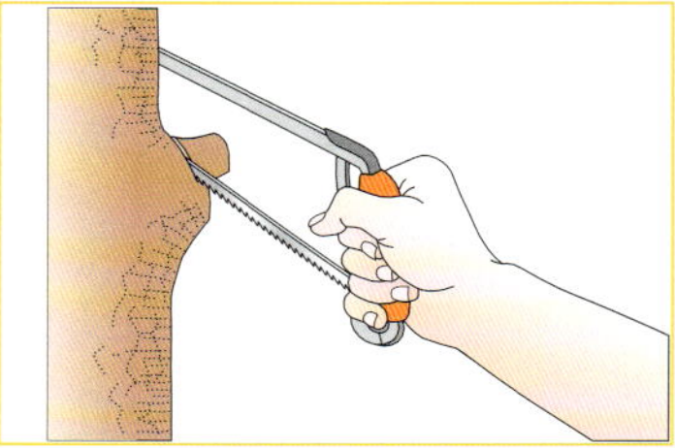

3. Der verbliebene Stummel *wird mit einem schrägen Schnitt abgesägt.*

***Wurde ein Baum sehr stark** auf dicke alte Äste (A) zurückgeschnitten, bildet er an den Schnittstellen extrem viele und lange, einjährige Triebe, so genannte Wasserschosse (B).*

***Entfernen Sie die Hälfte der Wasserschosse,** damit die Krone beim erneuten Aufbau nicht zu dicht wird. Die anderen bleiben in der Krone gut verteilt und ungeschnitten stehen.*

***Die Wasserschosse** haben im Laufe des Jahres mehr oder weniger lange Seitentriebe gebildet, die im nächsten Jahr bereits blühen und fruchten. Die Anzahl der verzweigten Wasserschosse wird ein zweites Mal reduziert.*

***An jeder großen Schnittstelle** werden die Wasserschosse über zwei, drei Jahre so reduziert, dass nur zwei bis drei verbleiben und aus ihnen die neue Krone aufgebaut wird.*

***Mit den verbleibenden,** inzwischen verzweigten Wasserschossen wird die Krone neu aufgebaut. Entfernen Sie bei jedem Leitast die Konkurrenzäste. Seitentriebe bleiben ungeschnitten.*

Je stärker der Rückschnitt erfolgte, desto stärker und länger werden die neuen Triebe. Der Wasserschossbaum ist die Reaktion auf einen falschen, viel zu starken Rückschnitt. Oft werden im nächsten Winter die zwei bis vier Meter langen, „endlosen“ Wasserschosse wieder abgeschnitten. Der Baum treibt erneut viele Wasserschosse. Er hat keine Chance, kürzere Seitentriebe und damit Fruchtholz zu bilden. Der Obstgärtner ist zum „Holzproduzenten“ geworden. Entgegen einer weit verbreiteten Meinung sind Wasserschosse nicht unfruchtbar, sondern genauso fruchtbar wie jeder andere Langtrieb. Voraussetzung ist, dass sie nicht geschnitten werden und Seitentriebe bilden können. An ihnen entwickeln sich in den nächsten zwei bis drei Jahren Blüten und Früchte.

Richtiger Umgang mit einem Wasserschossbaum Erhält man alle Wasserschosse, wird die Krone bei deren Verzweigung zu dicht. Die

***Apfelbaum** mit starker Bildung von Wasserschossen*

Aufgabe ist, die Anzahl dieser Triebe innerhalb der nächsten drei Jahre um 50 bis 90 % zu reduzieren. Die verbleibenden Wasserschosse werden nicht geschnitten. Sie bilden Seitentriebe, an denen spätestens im zweiten Jahr Früchte hängen. Unter dem Fruchtgewicht senken sich die Äste langsam nach unten. Hat der Baum durch den zunehmenden Fruchtertrag sein Wachstum gebremst, wird er mäßig, aber regelmäßig verjüngt.

Jugendliche Zwetschen-Tellerkrone

Tellerkronenerziehung

Tellerkrone

▸ Aufbau der Tellerkrone

Die Tellerkrone ist als Baumform im Obstbau weniger verbreitet. Sie wird vor allem bei Zwetschen und Pflaumen gewählt, ansatzweise gibt es sie auch bei Pfirsichen und Sauerkirschen. Die Tellerkrone hat eine Stammlänge von 80 bis 100 cm. Die fertige Krone sollte sieben bis zehn mittelstarke Leitäste haben, die gleichmäßig um den Stamm verteilt stehen. Sie bilden zum Stamm einen Winkel von etwa 60° und stehen damit flacher als die Leitäste der Pyramiden- und Hohlkronen (45°). Der Mitteltrieb wird entfernt, wodurch alle Astpartien ausreichend Sonne bekommen. Die Tellerkrone kann im Idealfall vom Boden aus beerntet werden. Ein Nachteil der Baumform ist, dass der Bereich unter der Krone schlecht zu pflegen ist, da die etwa 2 m langen Leitäste tief ansetzen.

▸ Pflanzqualität und Pflanzschnitt

Wählen Sie in der Baumschule einen Meterstamm aus, der einen geraden Mitteltrieb und sechs bis sieben Seitentriebe aufweist. Nach dem Pflanzen entfernen Sie alle Seitentriebe, die unterhalb einer Stammlänge von 80 cm ausgewachsen sind und alle, die deutlich steiler oder deutlich flacher stehen als 60°. Die verbleibenden drei, vier oder fünf Leitäste bleiben ungeschnitten. Der Mitteltrieb wird 40 bis 60 cm über dem letzten Leitast eingekürzt.

__Der Jungbaum__ hat drei bis fünf mäßig steile Leittriebe (A). Diese bleiben ungeschnitten. Der Mitteltrieb (B) wird 40 bis 60 cm über dem letzten Seitenast abgeschnitten. Der Stamm sollte etwa 100 cm lang sein. Niedrigere Äste werden entfernt.

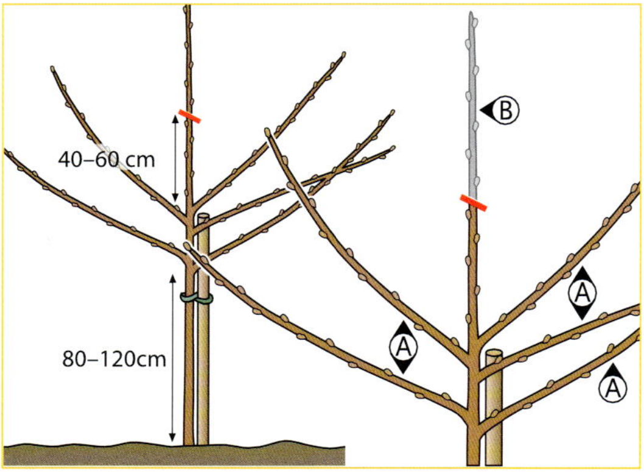

TIPP

Tellerkronen sollten jedes Jahr geschnitten werden, um die gewünschte Form zu behalten.

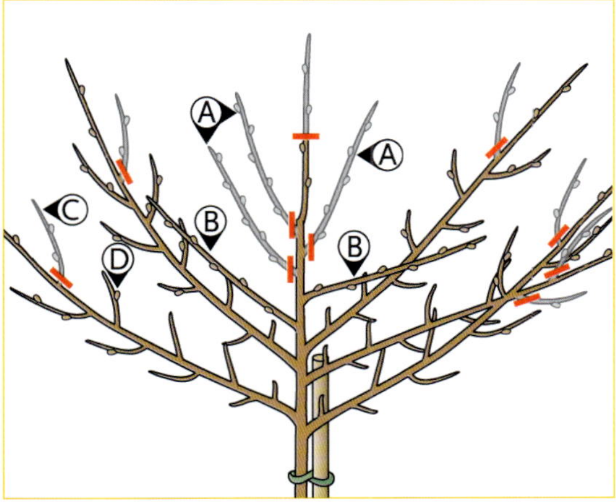

Im Jahr nach dem Pflanzschnitt *werden steile Seitentriebe entlang des Mitteltriebes (A) herausgeschnitten. Mittelsteile Seitentriebe (B) bleiben ungeschnitten und ergänzen die Leitäste. In den verzweigten Leitästen des Vorjahres werden die Konkurrenzäste (C) in den Spitzen entfernt. Alle Seitentriebe (D) bleiben ungeschnitten. Zuletzt wird der Mitteltrieb 40 bis 60 cm über dem letzten Leitast (B) angeschnitten.*

Im zweiten Standjahr *gibt es bereits fünf bis acht Leitäste (A), die gleichmäßig um den Stamm verteilt stehen. Die Seitentriebe können erste Blüten und Früchte bilden und verzeigen sich weiter. Der eingekürzte Mitteltrieb wird mit starkem Wachstum reagieren. Es bilden sich neue Konkurrenztriebe, die wieder zu entfernen sind und mittelsteile Äste, die dauerhaft in das Kronengerüst einbezogen werden.*

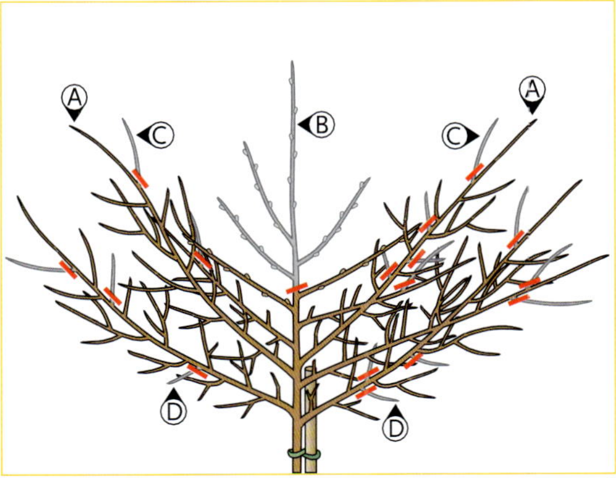

Nach drei bis vier Standjahren *gibt es sieben bis zehn Leitäste (A) und die Mitte (B) kann ganz herausgeschnitten werden. Steile Konkurrenzäste der Leittriebe (C) werden weiterhin entfernt. Dicht stehende Seitentriebe (D) werden ausgelichtet. Die Verlängerung der Leitäste und alle Seitenäste bleiben ungeschnitten.*

Die Tellerkrone *hat ihre Endhöhe und eine ausreichende Zahl Leittriebe (A) erreicht. Alle senkrechten Wasserschosse, die in Zukunft wachsen werden und einen neuen Mitteltrieb bilden wollen, sollten entfernt werden. Leitäste und fruchttragende Seitenäste werden jetzt regelmäßig durch Umlenkschnitte leicht eingekürzt.*

Erziehungsschnitt

In der Erziehung der Tellerkrone sollen alle Schnittmaßnahmen die Schwachwüchsigkeit, die durch die Unterlage schon eingeleitet ist, weiter unterstützen. Bis auf den Mitteltrieb werden keine weiteren Triebe innerhalb des Jahreszuwachses eingekürzt, da ein Zurückschneiden innerhalb der einjährigen Triebe das Wachstum am stärksten anregen würde. Der stark eingekürzte Mitteltrieb reagiert unterhalb der Schnittstelle mit der Bildung von steilen Trieben. Im ersten Jahr nach dem Pflanzschnitt bleibt der oberste Trieb erhalten, die zwei bis vier steilsten, darunter stehenden Triebe werden als Konkurrenztriebe des Mitteltriebes entfernt. Sie können auch bereits schon im Mai oder Juni direkt nach dem Austrieb im krautigen Zustand weggeschnitten oder -gerissen werden. Ein bis drei mittelsteile, passende Triebe bleiben ungeschnitten stehen und werden dauerhaft als Leitäste in das Kronengerüst mit einbezogen. Die Leitäste des Vorjahres haben sich verzweigt. Der Austrieb der obersten Knospe ist die direkte Verlängerung des Leittriebes und bleibt ungeschnitten. Starke, steile Seitenäste, die als Konkurrenz der Leitastverlängerung auftreten, werden entfernt. Zuletzt wird die Mitte, also die Stammverlängerung, innerhalb ihres einjährigen Zuwachses wieder auf 40 bis 60 cm Länge über der dem letzten Leittrieb eingekürzt. Diese Maßnahmen (Einkürzen des

***Die Krone** ist viel zu dicht. Es ist keine Erziehungsform erkennbar.*

***Diese mehrjährige Tellerkrone** blüht bereits und bringt Ertrag. Der Mitteltrieb ist in den nächsten ein bis zwei Jahren noch zu entfernen.*

TIPP

Der Verjüngungsschnitt einer Tellerkrone erfolgt nach den gleichen Kriterien wie ihr Erziehungsschnitt.

Die Tellerkrone *wird vor allem bei Zwetschen angewendet.*

Mitteltriebes, Konkurrenz an Mitteltrieb und Leitästen ausschneiden, ein bis zwei Leitäste ergänzen) werden weitere zwei bis drei Jahre durchgeführt. Hat der Baum etwa sieben bis zehn gleichmäßig verteilte Leitäste, wird der Mitteltrieb am obersten Leittrieb entfernt.

Erhaltungsschnitt

Die Tellerkrone muss zur Erhaltung ihrer Kronenform jährlich geschnitten werden. In erster Linie müssen alle steilen Äste aus der Krone entfernt werden. Sie entwickeln sich vor allem an der Stelle, an der die Stammverlängerung herausgeschnitten wurde. Entfernen Sie auch alle Triebe, die in das Kroneninnere wachsen. Um die Ausdehnung der Krone in Grenzen zu halten, müssen Sie beim Erhaltungsschnitt die Leitäste und deren fruchttragende Seitentriebe leicht einkürzen.

Das geschieht jeweils nach dem gleichen Grundschema: Das vordere Viertel oder Fünftel der Leit- oder Seitenäste wird auf einen ein- oder zweijährigen, schräg nach oben gerichteten Seitentrieb umgelenkt. Damit wird die Austriebs- und Erntezone immer wieder Richtung Stamm gedrängt. Der Baum bleibt so kompakt und vital. Wurzelschösslinge, die dicht neben dem Stamm aus dem Boden treiben, werden regelmäßig so tief wie möglich entfernt. Am besten werden sie schon im Frühjahr im krautigen Zustand ausgerissen.

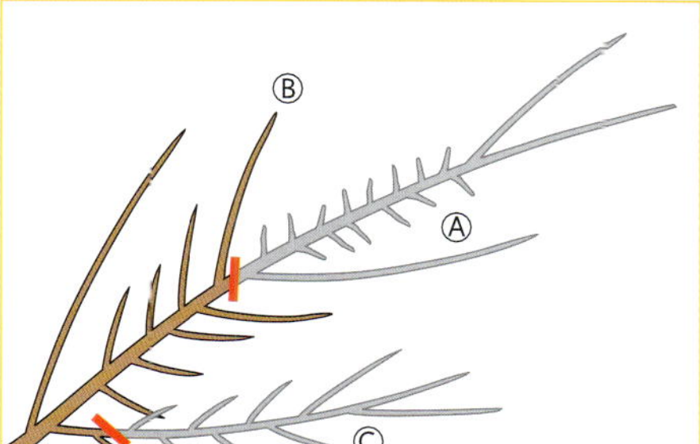

***Einkürzen alter Triebe:** Das vordere Viertel oder Fünftel eines Leittriebes (A) wird auf einen guten einjährigen oder zweijährigen Seitentrieb (B) umgelenkt. Die fruchttragenden, verzweigten Seitenäste (C) werden angemessen zur Gesamtlänge des Leitastes durch Umlenken eingekürzt.*

Blühende Apfelspindelbüsche *in einem Obstgarten*

Spindel

▸ Aufbau der Spindel

Die Spindel ist die kleinste Baumform und deshalb heute im Erwerbsobstbau am weitesten verbreitet. Bei Äpfeln und Birnen wird sie seit 30 bis 40 Jahren praktiziert. Bei Zwetschen und Süßkirschen hält sie erst seit etwa 10 Jahren Einzug. Die Spindel weist bis zur Verzweigung eine Stammlänge von 50 bis 60 cm auf. Die fertige Krone hat einen möglichst geraden Mitteltrieb, der auch Stammverlängerung genannt wird. Von ihm gehen nahezu waagrecht die fruchttragenden Seitentriebe oder Fruchtäste ab, die sich spiralig entlang des Mitteltriebes anordnen. Vom Prinzip können Spindelbäume auch mit mittelstarken und starken Unterlagen erzogen werden. In der Regel werden für sie jedoch die schwach wachsenden Unterlagen einer Obstart benutzt.

Die Veredlungsstelle muss immer 5 bis 20 cm über dem Boden liegen. Im Boden würde die Edelsorte eigene Wurzeln bilden und die Wachstumsbremse der schwach wachsenden Unterlage verloren gehen. Apfel- und Birnenspindeln brauchen lebenslänglich einen Stützpfahl. Zwetschen und Süßkirschen benötigen ihn nur in den ersten zwei bis drei Jahren.

Schnitt Je kleiner die Baumform, desto regelmäßiger und konsequenter muss der Baum geschnitten werden. Wird zwei Jahre auf einen Schnitt verzichtet, ist die Spindelform fast nicht mehr zu retten. Bei regelmäßigem Schnitt und guter Pflege haben Spindelbäume eine Lebenszeit von 15 bis 30 Jahren.

Apfel- und Birnenspindeln können auf ca. 2,50 m Höhe gehalten werden. Sie sind empfindlich für Wurzelkonkurrenz. Deshalb muss der Boden im Kronenbereich krautfrei gehalten werden. Zwetschen- und Kirschenspindeln müssen Sie wegen der stärkeren Unterlagen eine Höhe von 3 m bis 4 m zugestehen. Sie kommen mit der Konkurrenz einer Krautschicht besser zurecht.

TIPP

Die Form der Spindelkrone garantiert eine gute Belichtung der Früchte, da die Sonne bei dieser Kronenform bis in das Bauminnere vordringen kann.

Apfelspindel: *Vom Mitteltrieb gehen waagrechte Seitenäste ab, die Früchte bilden.*

Der zu lange Mitteltrieb *wurde etwa 60 cm oberhalb der Seitentriebe eingekürzt.*

▸ Pflanzqualität und Pflanzschnitt

Bei der Spindel kommt es ganz besonders darauf an, den richtigen Baum zu pflanzen. Kaufen Sie deshalb in einer Obstbaumschule, in der auch Profis einkaufen. Wählen Sie einen Baum, dessen Mitteltrieb gerade ist und der eine Höhe von 1,30 bis 1,50 m aufweist. Zwischen 0,60 und 1,10 m Höhe des Mitteltriebes sollten vier bis sechs waagrechte Seitenäste abgehen, die 30 bis 60 cm lang sind. Bei einem solchen Idealbaum wird kein Pflanzschnitt durchgeführt. Stehen einzelne Seitenäste steil oder unterhalb einer Stammlänge von 50 bis 60 cm, werden sie ganz entfernt. Ist der Mitteltrieb extrem lang, kürzen Sie ihn ca. 60 cm oberhalb des letzten Seitentriebes ein. In diesem Fall sollten Sie aber am besten gleich nach dem Austrieb die steilen Triebe unterhalb des Mitteltriebes entfernen.

▸ Erziehungsschnitt

In einer Spindelkrone werden nur Schnitte durchgeführt, die das schwache Wachstum der Unterlage am besten unterstützen. Das geschieht fast ausschließlich durch Herausschneiden starker, steiler Triebe entlang des Mitteltriebes und entlang der fruchttragenden Seitenäste, und nicht durch Einkürzen oder Umlenken. Die Bäume, besonders die Apfelspindeln, sind durch ihre Schwachwüchsigkeit schon so ausgerichtet, dass sie im Pflanzjahr Früchte bilden. Damit beginnt auch die Wachstumsbremse. Schneiden Sie im nächsten Jahr entlang des Mitteltriebes alle steilen und entlang der Seitenäste (Fruchtäste) alle neuen, einjährigen Triebe ab, die länger als ca. 30 cm sind. Alle anderen Äste bleiben ungeschnitten. Steht das Fruchtholz (Triebe mit 10 bis 30 cm Länge) entlang der Seitentriebe zu eng, können einzelne, vor allem entlang der schattigen Unterseite, entfernt werden.

In den nächsten vier bis fünf Jahren werden diese Schnittmaßnahmen jährlich wiederholt. Danach hat die Spindel ihre volle Größe von ca. 2,50 m erreicht.

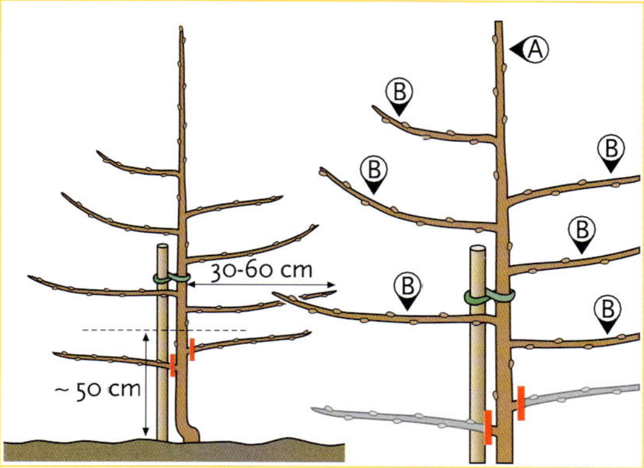

Ein guter Baum *hat einen geraden Mitteltrieb (A). Oberhalb von 50 cm Stammlänge gehen gleichmäßig verteilt vier bis sechs waagrechte Seitentriebe (B) mit einer Länge von 30 bis 60 cm ab. Seitenäste unter Kniehöhe werden entfernt.*

Erster Aufbauschnitt *nach dem Pflanzjahr: Entlang des Mitteltriebes werden alle steilen Seitentriebe (A) entfernt. Das können fünf bis sieben Triebe sein. Die flach stehenden Triebe (B), der Mitteltrieb und die verzweigten Fruchtäste bleiben ungeschnitten. Konkurrenztriebe der Spitzen (C) und einjährige Triebe über 30 cm Länge werden entfernt.*

Die verzweigten Fruchtäste *können lebenslänglich im Kronengerüst verbleiben. Bei zu großer Dichte können einzelne entfernt werden. Lassen Sie junge, waagrechte Triebe aus dem Mitteltrieb nachwachsen, können einzelne vier- bis fünfjährige Fruchtäste auch durch jüngere ersetzt werden.*

▸ Erhaltungsschnitt

Alle Schnittmaßnahmen sollen einen regelmäßigen Fruchtertrag am 5 bis 30 cm langen Fruchtholz (Fruchtspieße und Fruchtruten) erhalten. Entsteht zu viel altes, kurzes Quirlholz, verschlechtert sich die Fruchtqualität und Sie haben zu wenig geschnitten. Der Baum ist dabei zu vergreisen. Entstehen regelmäßig Trieblängen von über 50 cm, ist das Wachstum zu stark und Sie haben zu viel geschnitten. Der regelmäßige Fruchtertrag an diesen Trieben ist nicht mehr gesichert.

Je nach Situation müssen Sie das Triebwachstum demnach leicht bremsen oder leicht anregen.

Sie bremsen das Wachstum mit folgenden Schnittmaßnahmen:

1. Entfernen steiler Triebe Senkrechte und steile, einjährige Seitentriebe entlang des Mitteltriebes

Sommerschnitt *an Zwetschenspindel fördert die Blütenbildung.*

Auch im zweiten Jahr *werden entlang des Mitteltriebes wieder alle steilen, einjährigen, unverzweigten Seitentriebe (A) entfernt. Flache Neutriebe (B) bleiben ungeschnitten und werden als zukünftige Fruchtäste dauerhaft in das Kronengerüst einbezogen. Zu dicht stehende Fruchtäste (C) werden herausgeschnitten.*

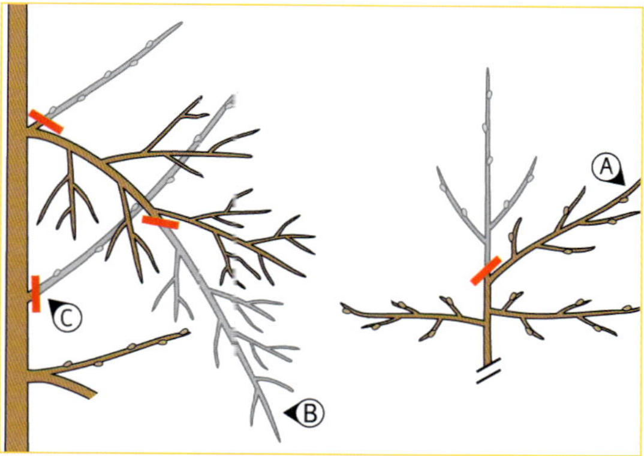

Die senkrechte Baumspitze *wird auf einen zweijährigen, schrägen Fruchtzweig (A) umgelenkt. Stark herabhängende Astpartien der älteren Fruchtäste (B) werden auf waagrechtes oder leicht ansteigendes Fruchtholz umgelenkt. Steile, einjährige Triebe (C) werden durch Sommerschnitt Ende August/Anfang September entfernt.*

Fünf- bis sechsjährige *Apfelspindel*

und der Fruchtäste werden entfernt.

Das Wachstum wird besonders stark gebremst, wenn Ende August/Anfang September geschnitten wird. Der Baum verliert dabei viele Blätter und lagert entsprechend weniger Nährstoffe ein. Der Frühjahrsaustrieb fällt deshalb etwas schwächer aus.

2. Rückschnitt der Spitze

Die Spitze wird beim Schnitt im Februar oder März regelmäßig nicht auf einen unverzweigten einjährigen, sondern auf einen zweijährigen, senkrechten oder schrägen Fruchtast umgelenkt.

Da die Spitze nach den Wachstumsgesetzen am stärksten treibt, bremsen die Früchte am zweijährigen Trieb das Wachstum.

3. Entfernen dicker Fruchtäste

Sind Fruchtäste mindestens halb so dick wie der Mittelstamm, aus dem sie herauswachsen, werden Sie entfernt. Alle schwächeren Fruchtäste bleiben erhalten.

4. Auslichten der Fruchtäste

Die Fruchtäste werden jedes Jahr „schlank geschnitten", das heißt Triebe, die länger als ungefähr 30 cm sind, werden herausgeschnitten. Die gegenseitige Beschattung der Triebe wird dadurch geringer, die Qualität der Früchte besser. Bei ausreichender Länge werden die Fruchtäste durch Umlenken auf ein anderes Fruchtholz leicht eingekürzt.

TIPP

Bei dem Erhaltungsschnitt der Spindelbäume muss darauf geachtet werden, dass sich der Baum gleichmäßig in alle Richtungen entwickelt hat und sich von unten nach oben gleichmäßig verjüngt.

Spalierobst

Spaliere sind Spindelbäume, deren Fruchtäste nicht rings um den Mitteltrieb stehen, sondern in der Regel nur nach rechts und links angeordnet sind. Bei der Spindel war die Bildung von langem Fruchtholz, wie Fruchtspieß und Fruchtrute, erwünscht. Ein Spalier soll so kompakt wie möglich wachsen, das heißt, das kürzeste Fruchtholz in Form von Ringelspießen und Quirlholz bilden. Mit diesen kurzen Verzweigungen bleiben besondere Gestaltungsformen auch im belaubten Zustand noch gut erkennbar. Um dieses Ziel zu erreichen, wird überwiegend der Sommerschnitt von Anfang Juni bis Mitte September als beste Wachstumsbremse eingesetzt.

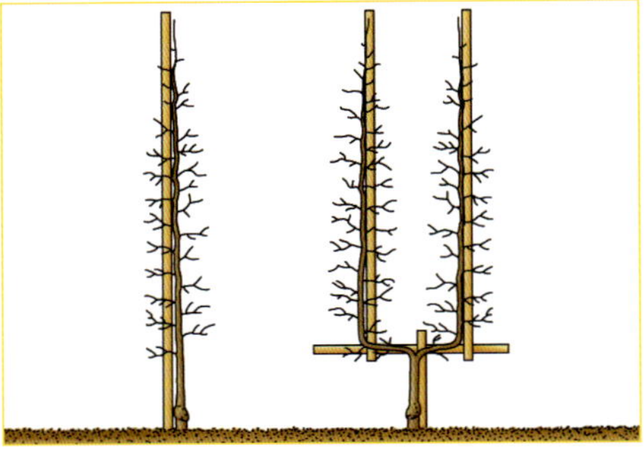

Senkrechter Schnurbaum und U-Form

Während Spaliere beim Baumobst heute ausschließlich für den Freizeitgärtner von Interesse sind, ist die Spalier- oder auch Heckenerziehung von Roten Johannisbeeren und Stachelbeeren die intensivste Form des heutigen erwerbsmäßigen Beerenanbaus.

***Altes, gepflegtes** Birnenspalier*

Traditionelle Formenvielfalt

Das Formieren von Obstbäumen hat eine lange Tradition. Von 1650 bis 1900 war die Entwicklung des Kunstkronenbaues besonders ausgeprägt und formenreich. Formschnitte drückten generell die Geisteshaltung aus, dass der Mensch Macht über die Natur hat und sich die Pflanzen „untertan macht“. Die Pflanze nimmt die Form an, die sich der Mensch ausdenkt. Schöne, kunstvolle und gepflegte Spaliere zeigten den gesellschaftlichen Stand. Bevorzugt wurden wärmeliebende Obstarten wie Birnen oder Aprikosen (Weinbauklima). Aber auch Apfel, Sauerkirsche, Pfirsich und Süßkirsche gab es hier und da zu bewundern. Traditionell wurden Spaliere gern an Hauswänden und an Drahtgerüsten gezogen.

TIPP

Nach Westen bis Südwesten gerichtete Hauswände sind besonders für Aprikosen, Pfirsiche und Sauerkirsche geeignet, an einer Südwand fühlen sich zum Beispiel spät reifende Birnensorten wohl.

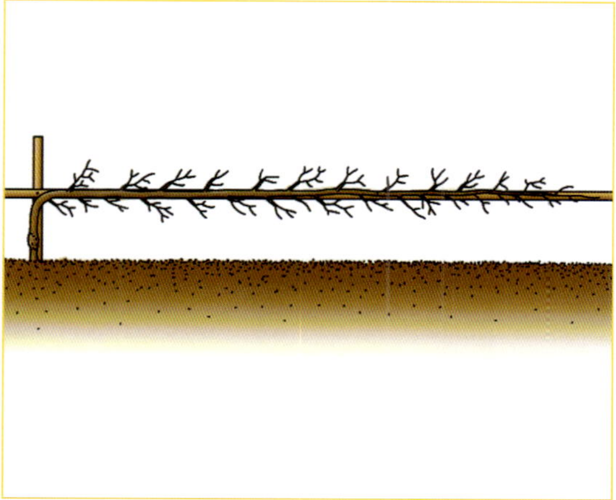

Waagrechter Schnurbaum

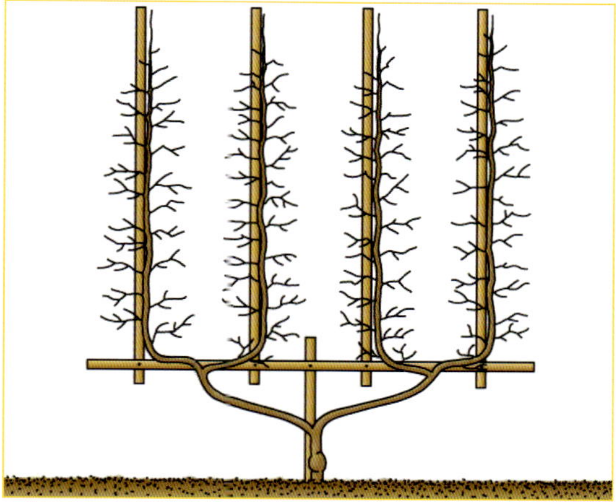

Doppelte U-Form

Die Kunst, Spaliere zu erziehen, ist inzwischen selten geworden. Es wäre jedoch schade, wenn diese alten Baumformen ganz aussterben würden.

Der Schnurbaum Die einfachste Form eines Spaliers ist der Schnurbaum. Haben Sie seinen Aufbau und seine Behandlung verstanden, können Sie auch mit schwierigeren Formen umgehen. Ab Seite 53 stelle ich deshalb die Erziehung von Spalieren am Beispiel des waagrechten Schnurbaumes dar.

Der senkrechte Schnurbaum (Kordon) besteht aus dem Mitteltrieb, der Stammverlängerung und waagrechten Seitentrieben, aus denen sich kurzes Fruchtholz bildet. Die Seitentriebe reichen kaum über 10 bis 30 cm hinaus. Je nach beabsichtigter Höhe verwenden Sie schwache bis mittlere Unterlagen.

Der waagrechter Schnurbaum (Kordon) besteht wie der senkrechte Kordon aus Mitteltrieb und waagrechten Seitentrieben, die jedoch paarweise angeordnet sind. Je nach Wuchskraft von Obstsorte und Unterlage können die Seiten-

Palmette *mit schrägen Ästen*

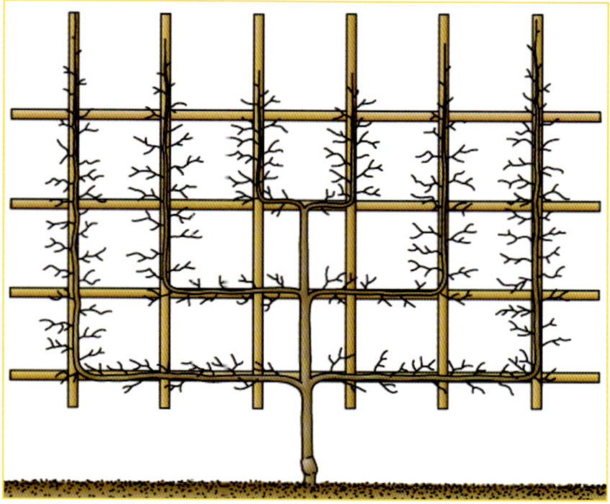

Verrier-Palmette

***Mehrjähriges Birnenspalier**, vorbildlich am Drahtgerüst erzogen.*

triebe eine Länge von 3 bis 4 m einnehmen. Gibt es ausreichend Platz in der Höhe, können aus einem Mittelstamm viele Astpaare (waagrechte Kordons) übereinander erzogen werden. Verwenden Sie schwache bis mittlere Unterlagen.

U-Form Bei der U-Form ernährt ein Stamm zwei senkrechte Schnurbäume. Durch die doppelte Triebzahl kann der Austrieb schwächer werden als beim senkrechten Schnurbaum. Sie können schwache bis mittelstarke Unterlagen verwenden.

Doppelte U-Form Die doppelte U-Form besteht aus zwei miteinander verbunden U-Formen. Sie verfügt also über vier Schnurbäume. Die Austriebskraft wird entsprechend schwächer. Verwenden Sie mittelstark wachsende Unterlagen.

Palmette mit schrägen Ästen
Die Palmette ist durch einen geraden Mitteltrieb oder Stammverlängerung gekennzeichnet, von der schräg, im Winkel von 45°, Seitenastpaare im Abstand von etwa 35 bis 40 cm angeordnet sind. Man kann auch sagen, dass an der Stammverlängerung schräge Schnurbäume erzogen werden. Je nach Anzahl der Astpaare erfordert dieses Spalier mittel bis stark wachsende Unterlagen.

Verrier-Palmette Sie besteht aus der Stammverlängerung und waagrechten Schnurbaumpaaren, die dann abknicken und als senkrechte Schnurbäume weiterführen. Verwenden Sie mittelstarke bis starke Unterlagen.

Bögen und Laubengänge Sie können aus senkrechten oder waagrechten Schnurbäumen aufgebaut werden. Verwenden Sie je nach gewünschter Höhe mittelstark bis stark wachsende Unterlagen.

▸ Pflanzschnitt

Auch beim Spalier kommt es sehr auf die richtige Pflanzqualität an. Wählen Sie einen Baum, der bereits für die Spaliererziehung im Ansatz vorbereitet ist oder pflanzen Sie im Herbst einen Baum, der nur aus einem unverzweigten Trieb besteht. Diesen Trieb kürzen Sie vier bis sechs Knospen über der gedachten Höhe des ersten Astpaa-

TIPP

Überprüfen Sie regelmäßig, ob sich Wasserschosse gebildet haben und entfernen Sie diese gegebenenfalls.

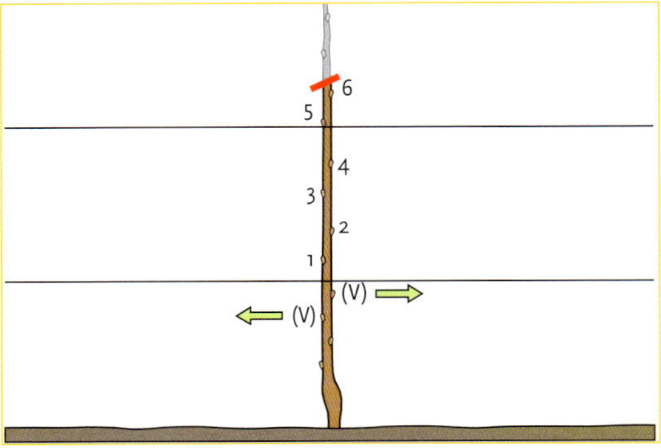

***Pflanzschnitt:** Der einjährige unverzweigte Trieb wird vier bis sechs Knospen oberhalb der ersten gedachten Verzweigung (V) gekürzt.*

***Wandspalier** einer blühenden Schattenmorelle*

res. Achten sie beim Pflanzen darauf, dass die Veredlungsstelle des Baumes nicht eingepflanzt wird, sondern frei über dem Boden steht.

▸ Erziehungsschnitt des waagrechten Schnurbaums

Wechsel von Sommerschnitt und Winterschnitt Nach dem Pflanzschnitt treibt der eingekürzte Mitteltrieb im kommenden Frühjahr stark aus.

Im Sommer werden die steilsten und flachsten Seitentriebe des Mitteltriebes herausgeschnitten. Ein mittelsteiles Astpaar wird ausgewählt und an Bambusstäben im Winkel zwischen 50 und 60° befestigt. Die Triebe sind während des Wachstums relativ elastisch.

Das Astpaar kann bis zum Herbst problemlos waagrecht heruntergebunden werden. Da die Triebe ihren Abgangswinkel von etwa 50 bis 60° beim Herunterbinden behalten, sind sie wuchsstärker als Triebe, die direkt waagrecht dem Mitteltrieb entspringen. Durch diese Aststellung vergreisen die Spalierarme wesentlich langsamer. Im folgenden Winter wird der Mitteltrieb erneut etwa vier bis sechs Knospen über der geplanten zweiten Astetage gekürzt. Sind die Seitentriebe länger als 60 cm, werden auch sie an der Spitze mäßig eingekürzt. Sie sollen keine starken Äste bilden, aber möglichst auf voller Länge austreiben und nicht verkahlen. Im Sommer folgen die gleichen Schnittmaßnahmen wie ein Jahr zuvor: Zu steile und zu flache, neue Seitentriebe werden im oberen Teil des Mitteltriebes entfernt. Ein zweites Astpaar wird mit Bambusstäben zum Herunterbinden vorbereitet. Darüber hinaus werden alle Seitentriebe des letztjährigen Astpaares, die länger als 30 cm sind, auf sieben bis acht Blätter eingekürzt. Nachwachsende Neuaustriebe werden auf zwei Blätter eingekürzt. Im kommenden Winter werden die Seitentriebe auf vier Knospen zurückgeschnitten. An diesen Aststummeln bildet sich im Frühjahr kurzes Fruchtholz. Der Mitteltrieb und das vorjährige und diesjährige Astpaar werden im Winterschnitt jeweils in der Spitze leicht eingekürzt.

Diese Schnitt- und Formierarbeiten setzen sich über Sommer und Winter solange fort, bis die letzte Ast-

TIPP

Achten Sie darauf, dass keine Verkahlung entsteht, indem Sie die Gerüstäste dem Wachstum des Baumes angepasst zurückschneiden.

***Der Fantasie** sind bei der Formierung von Spalieren keine Grenzen gesetzt. So lassen sich auch Bögen und Laubengänge gestalten (hier Apfelbäume).*

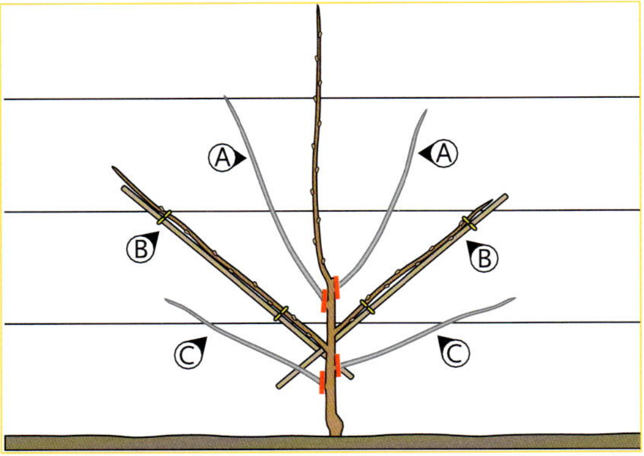

Sommerschnitt: *Steile (A) und flache Seitentriebe (C) des Mitteltriebes werden im Sommer entfernt. Ein mittelsteiles Astpaar (B) wird an Bambusstäben angebunden und während des Sommer langsam in die Waagrechte geführt.*

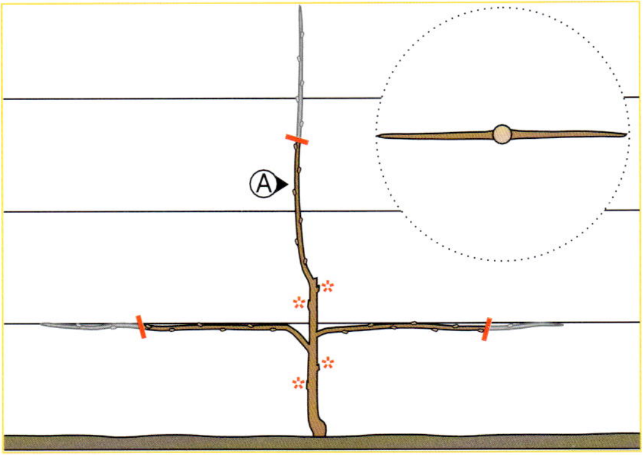

Winterschnitt: *Am Ende des Winters wird der Mitteltrieb (A) wieder auf vier bis fünf Knospen über der zweiten gedachten Astetage eingekürzt. Die Seitentriebe werden mäßig eingekürzt.*

Spalierobst *kann auch frei stehen.*

etage abgeschlossen ist. Der Mitteltrieb wird anschließend auf das oberste Astpaar des Spaliers umgelenkt.

▸ Erhaltungsschnitt

Beim Erhaltungsschnitt müssen Sie drei Dinge im Auge behalten: 1. Die schwächeren waagrechten Astpaare dürfen nicht durch starke senkrechte Triebe überwachsen werden. 2. Das Fruchtholz sollte nicht extrem dicht und zu alt werden. 3. Die Astpaare sollten durch-

Birnenspalier *an Hausfassade*

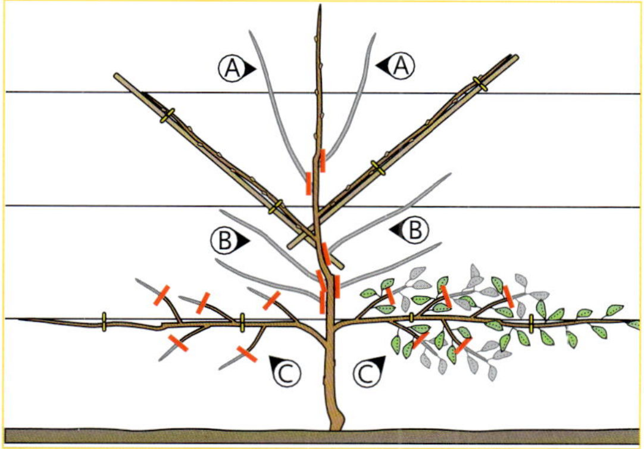

Im zweiten Sommer *werden Konkurrenz- (A) und Seitentriebe (B) entfernt. Ein zweites Astpaar wird an Stäben über den Sommer waagrecht gebogen. Alle Seitentriebe des ersten Astpaares (C) werden auf ca. fünf Blätter eingekürzt.*

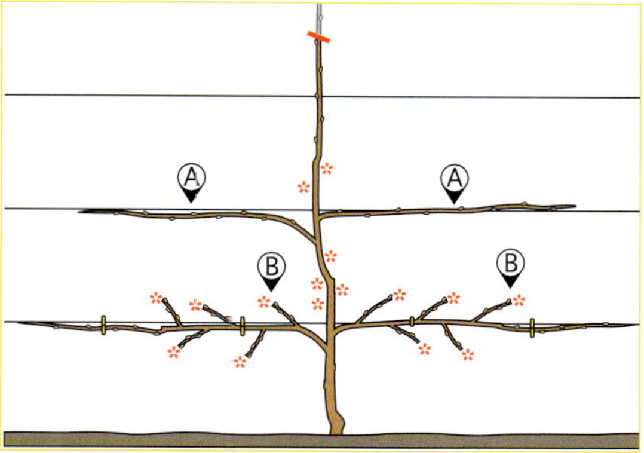

Das zweite Astpaar *(A) wird bis zum Herbst waagrecht heruntergebunden. Die von Juni bis August immer wieder eingekürzten Seitenzweige (B) haben bis zum Herbst Blütenknospen gebildet.*

gängig mit Fruchtholz besetzt bleiben und nicht verkahlen.
Beim fertig erzogenen, waagrechten Schnurbaum mit mehreren Astetagen entstehen an der Umlenkstelle des Mitteltriebes und entlang des oberen Astpaares immer wieder starke, senkrechte Triebe. Kürzen Sie im Sommer alle senkrechten Triebe, die länger als 30 cm sind, wie oben beschrieben, ein. An den tiefer stehenden Gerüstastpaaren tritt dies bereits seltener auf. Hier halten sich Fruchtbildung und Triebwachstum eher die Waage. In den unteren Gerüstastpaaren lässt das Triebwachstum entsprechend der Wachstumsgesetze am frühesten nach. Stark verzweigtes Quirlholz und Ringelspieße werden eingekürzt. Damit entfernen wir potenzielle Früchte und regen das Triebwachstum leicht an. Ist der Gerüstast sehr dicht mit kurzem Fruchtholz besetzt, können auch Teile ganz entfernt werden. Droht ein Spalier zu vergreisen und sind Stellen bereits verkahlt, also trieblos, reicht es nicht mehr aus, nur das Fruchtholz entlang des Gerüstastes auszulichten. Dann müssen Sie den gesamten Gerüstast von der Spitze herkommend einkürzen. Bei regelmäßigem Schnitt und guter Pflege können Spaliere gut bis zu 60 Jahre alt werden. Alle anderen Spalierformen, wie senkrechter Schnurbaum, U-Form oder Palmetten-Spaliere, können Sie analog zum waagrechten Schnurbaum ableiten. Die Grundmuster der Schnitte sind immer gleich.

TIPP

Beim Erhaltungsschnitt des Spaliers kommt es darauf an, dass Sie durch Sommerschnitt regelmäßig stark wachsende Triebe einkürzen.

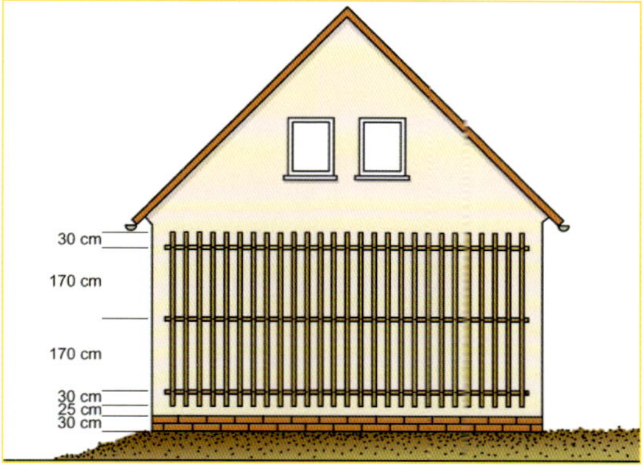

Stabiles Holzgerüst *für ein Wandspalier*

Pflanzabstände von Baum zu Baum

Baumform	Pflanzabstände in m
Hochstamm – Pyramidenkrone	
Walnuss	*15 bis 20*
Süßkirsche, Birne	*10 bis 15*
Apfel, Zwetsche, Pflaume, Mirabelle	*9 bis 12*
Halbstamm – Pyramidenkrone	
Süßkirsche	*8 bis 12*
Birne	*8 bis 10*
Apfel, Zwetsche, Pflaume, Mirabelle	*6 bis 10*
Meterstamm – Tellerkrone	
Zwetsche, Pflaume, Apfel	*5 bis 6*
Pfirsich, Sauerkirsche, Aprikose	*4 bis 5*
Quitte, Mispel	*4 bis 5*
Spindel	
Apfel, Birne	*1,00 bis 1,30*
Süßkirsche	*2,50 bis 4,00 m*
Zwetsche, Pflaume, Mirabelle	*2,00 bis 2,50 m*
Strauchbeeren	
Josta, Schwarze Johannisbeere	*2 bis 3*
Rote, Weiße Johannisbeeren	*1,50 bis 2,00*
Stachelbeeren und Heidelbeeren	*1,00 bis 1,50*
Spalierbeeren	
Rote Johannisbeeren und Stachelbeeren	
1 Gerüsttrieb	*0,50*
2 Gerüsttriebe	*1,00*
3 Gerüsttriebe	*1,50*
Himbeeren	*0,50*
Brombeeren, Kiwi	*3 bis 5*
Beeren-Hochstamm	
Rote und Weiße Johannisbeeren, Stachelbeeren	*1,50 bis 2,00*
Wildobst	
Haselnuss	*4 bis 6*
Holunder	*4 bis 5*
Felsenbirne	*3 bis 5*
Kornelkirsche, Sanddorn	*3 bis 4*
Wildrose, Schlehe, Apfelbeere	*2 bis 3*
Scheinquitte	*2*

Apfelsorte 'Elstar'

Rote Johannisbeere

Spezieller Schnitt

Apfel und Birne

***Voll ausgereifte Früchte** der Sorte 'Reanda'*

▸ Rundkrone bei Halb- und Hochstämmen

Bei dem Aufbau von Halb- und Hochstämmen soll das starke Wachstum der Unterlage in eine angemessene Anzahl von Leitästen gelenkt werden. Die Stellung der Leitäste, ihrer Seitentriebe und deren Unterverzweigungen soll so aufgebaut sein, dass sie sich gegenseitig so wenig wie nötig beschatten. Für Äpfel (*Malus domestica*) hat sich eine Pyramidenkrone mit Mitteltrieb (Stammverlängerung) und drei, maximal vier Leittrieben bewährt (siehe auch Seite 36 ff). Bei Apfelbäumen müssen die Leitäste beim Vollertrag ein sehr großes Gewicht tragen. Damit sie nicht zu stark absinken oder ausbrechen, ist es beim Apfelbaum besonders wichtig, dass die Leitäste stark und steif werden. Das erreichen Sie durch konsequentes Anschneiden oder Einkürzen der Leittriebe innerhalb des einjährigen Holzes in den ersten vier bis sechs Jahren. Je stärker der Leittrieb wächst, desto weniger, und je schwächer er wächst, desto mehr kürzen Sie ein. Liegt der Jahreszuwachs über 60 cm, reduzieren Sie den Ast etwa um ein Drittel dieses Zuwachses, bei einem mittelstarken Jahreszuwachs von 50 bis 60 cm um die Hälfte und bei schwächerem Zuwachs etwa um zwei Drittel des Jahreszuwachses. Ist der Zuwachs extrem schwach, müssen Sie stark schneiden, um das Wachstum anzuregen. Kürzen Sie deshalb über den Jahreszuwachs hinaus bis in das zweijährige Holz zurück und lenken Sie die Leittriebe und den Mitteltrieb auf einen passenden Seitentrieb oder kurzen Spieß um. Die Ursachen für einen schwachen Zuwachs können zu spätes Pflanzen (Frühjahr), magerer oder zu dichter Boden, Staunässe, Stammschaden oder abgefressene Wurzeln sein. Manchmal ist es auch sortenbedingt: 'Boskoop' ist zum Bespiel eine sehr stark wachsende, 'Idared' und 'Topaz' dagegen sind schwach wachsende Sorten.
In der Erziehungsphase ist es wichtig, alle steilen Konkurrenztriebe von Mittelast und Leitästen herauszuschneiden. In dieser Phase überwiegt das Triebwachstum. Leitäste mit ihren Seitenästen bauen sich über 3 oder 4 m Länge auf. Ihre jährlich neu hinzukommenden Seitentriebe sind anfangs länger, weitere Unterverzweigungen werden dann immer kürzer. Bleibt der Jahreszuwachs unter 40 cm, bilden sich an diesen Trieben Äpfel. Früchte sind eine zusätzliche Wachstumsbremse. Mit zunehmendem Ertrag wird der Jahreszuwachs der einzelnen Triebe also immer kürzer, bis sich bald nur noch zentimeterlange Spieße und Quirlholz bilden. Spätestens jetzt muss der Erhaltungsschnitt einsetzen. Ein Teil des Fruchtholzes muss entfernt werden. Dazu werden Leittriebe und deren Seitentriebe

TIPP

Achten Sie auf eine starke Unterlage, wenn Sie einen Baum als Hochstamm erziehen wollen.

TIPP **Apfelbäume bevorzugen einen sonnigen und luftigen, aber windgeschützten Standort. Der Boden sollte feucht sein, darf aber keine Staunässe aufweisen.**

leicht eingekürzt, indem sie auf tiefer stehende (stammnähere) Zweige umgelenkt werden. Stark hängende Astpartien mit wenig Zuwachs werden auf waagrechte oder leicht aufgerichtete kurze Triebe gelenkt, die wieder stärker wachsen. Verästeltes Quirlholz wird teilweise weggeschnitten. Energie, die in den „weggeschnittenen" Früchten gebunden wäre, steht jetzt für stärkeres Triebwachstum zur Verfügung.
Die Kunst des Erhaltungsschnittes liegt darin, immer so viel Fruchtholz zu entfernen, dass der Baum genug Wuchskraft behält, um neben kurzem Quirlholz (1 bis 3 cm) auch stärkere Fruchtruten (40 cm Länge), Fruchtspieße (10 cm Länge) und ab und zu einen Langtrieb zu bilden. Wurde zu viel Fruchtholz entfernt, entstehen allerdings zu viele Langtriebe oder sogar noch längere Wasserschosse. Wurde zu wenig entfernt, findet man vorwiegend kurzes Quirlholz vor. Bei regelmäßigem Erhaltungsschnitt können Hoch- und Halbstammapfelbäume 60 bis 100 Jahre alt werden. Je nach Wuchskraft des Standortes und der Sorte beginnt man mit dem Erhaltungsschnitt nach sechs bis zwölf Jahren.
Er sollte mindestens alle zwei oder drei Jahre durchgeführt werden.

***Junger Apfelbaum** der Sorte 'Gloster' mit Früchten*

***Apfelbuschbaum** als Rundkrone*

▸ Rundkrone bei Meterstämmen oder Buschbäumen von Äpfeln

Meterstämme bzw. Buschbäume (ca. 100 cm bzw. 60 cm Stammlänge) werden auf mittelstark wachsende Unterlagen veredelt. Die Kronen bleiben also kleiner als bei Halb- und Hochstamm. Diesem schwächeren Wachstum tragen wir auch beim Erziehungsschnitt

Rechnung. Während die drei bis vier Leitäste bei Hochstämmen und Halbstämmen etwa 45° steil sind, können beim schwächeren Meterstamm oder Busch vier, maximal fünf Leittriebe flacher gehalten werden (vergleiche dazu Tellerkrone Seite 42 ff.). Bei einer flacheren Aststellung der Leitäste bleiben auch deren Seitentriebe etwas kürzer. Deshalb haben beim Meterstamm oder Busch mehr Leittriebe Platz. Der Mitteltrieb bleibt auf Dauer in der Krone erhalten. Da die Leitäste und der Mitteltrieb im Wachstum nicht stark angeregt werden sollen, wird ihr Jahreszuwachs nur im ersten und zweiten Jahr eingekürzt. Buschbäume kommen einige Jahre früher als Halb- und Hochstämme in den Ertrag. Danach bleiben sie ungeschnitten. Der Erhaltungsschnitt in Anlehnung an den Halb- und Hochstamm kann bereits nach fünf bis sechs Jahren einsetzen.

Rundkrone bei Birnen

Bei Birnen (*Pyrus communis*) haben wir vom Prinzip den gleichen Aufbau- und Erhaltungsschnitt wie beim Apfel. Von Natur aus bilden Birnen steilere Astwinkel und haben deshalb im Alter gern schmälere und höhere Kronen. Beim Pflanzschnitt von Halb- und Hochstämmen werden deshalb auch Leitäste einbezogen, die steiler als 45° zum Mitteltrieb stehen, bei Meterstämmen entsprechend Äste, die steiler als 60° sind. Birnen tragen besonders am zweijährigen, kurzen Holz und setzen auch an steilen Trieben Blütenknospen an. Um eine Überbauung der Krone zu vermeiden, hilft ein konsequenter Erziehungsschnitt.

TIPP

Birnbäume benötigen einen warmen Standort mit humosem, tiefgründigen Boden. Sie vertragen keine schweren und kalkreichen Böden oder stauende Nässe.

Früchte der Birnensorte 'Williams Christ' *am kurzen Fruchtspieß*

▸ Häufige Schnittfehler beim jungen Hochstamm

Die meisten Schnittfehler werden in den ersten drei Lebensjahren des Baumes gemacht. Dieser Schnitt entscheidet maßgeblich, ob der Obstbaum sein potenzielles Alter von 60 oder sogar 100 Jahren unbeschadet erreichen kann oder frühzeitig vergreist. Nachfolgend sind die häufigsten Fehler, ihre Auswirkung und die notwendigen Korrekturschnitte dargestellt.

Fehler Beim Pflanzschnitt bleibt der Konkurrenztrieb des Mitteltriebes erhalten. In der Regel bildet der Austrieb der obersten Knospe die Mitte oder Stammverlängerung. Der Austrieb der darunter stehenden Knospe ist der Konkurrenztrieb und muss entfernt werden. Manchmal wird dies bereits schon beim Kauf in der Baumschule durchgeführt.

Fehler: *Konkurrenztriebe des Leittriebes wurden nicht entfernt.*

Fehler: *Der Konkurrenzast (A) des Mitteltriebes wurde nicht entfernt. Der Baum entwickelt zwei Mitten, beschattet darunter stehende Leitäste zu stark und droht im Alter auseinander zu brechen.*

Korrektur: *Der Konkurrenztrieb kann auch nach einigen Jahren noch entfernt werden. So ist die Krone später stabil und bricht nicht auseinander.*

Auswirkung Der Konkurrenztrieb ist ein, zwei Jahre nach der Pflanzung genauso stark wachsend wie der Mitteltrieb, so dass der Baum zwei Mitten bildet. Dadurch entsteht ein großes Schattendach. Die Leitäste darunter werden schlecht belichtet. Die Fruchtäste der Leitäste sterben durch Lichtmangel mit zunehmendem Alter ab. Außerdem drohen die beiden Mitten im Alter unter großen Fruchtgewichten auseinander zu brechen.

Korrekturschnitt Der Konkurrenztrieb des Mitteltriebes kann bei Apfel- und Birnbäumen auch nach vier bis fünf Jahren noch entfernt werden. Da die Wunden bei jüngeren Trieben kleiner sind, gilt: je früher, desto besser.

Schnittzeitpunkt Der Konkurrenztrieb sollte am besten im Mai oder Juni während des Austriebes, nach Triebabschluss Ende August/September oder auch beim Winterschnitt im Februar entfernt werden.

Fehler Konkurrenztriebe der Leitäste wurden nicht entfernt. Im Jahr nach dem Pflanzschnitt hat der eingekürzte Mitteltrieb aus seinen obersten drei bis vier Knospen

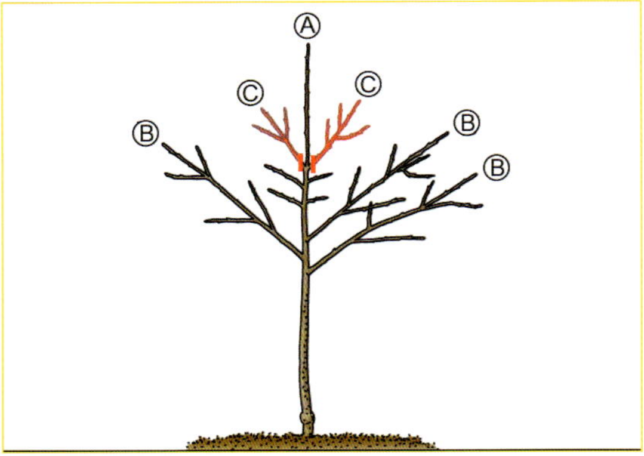

Fehler: *Nach dem Pflanzschnitt hat der Mitteltrieb aus den Knospen (A) stark ausgetrieben. Die Konkurrenztriebe (C) wurden nicht entfernt. Sie wachsen auf Dauer stärker als die Leitäste (B) und schwächen diese.*

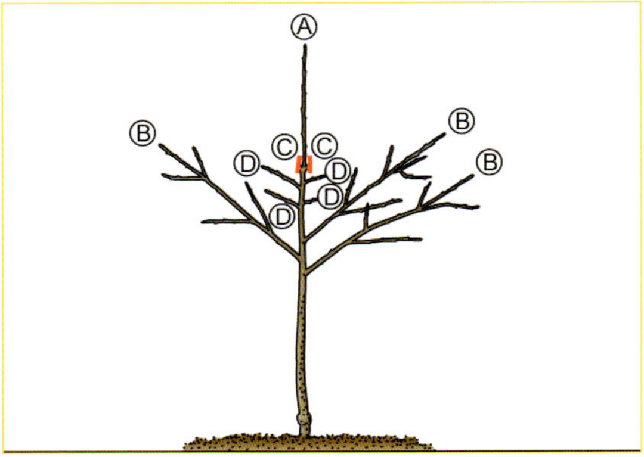

Korrektur: *Die Konkurrenzäste (C) der Leitäste (B) werden entfernt. Der Mitteltrieb soll oberhalb der Leitäste nur flach abgehende, schwach wachsende Kronenäste (D) aufweisen. Dadurch bleibt die Fruchtzone der Leitäste besser belichtet.*

stark ausgetrieben. Alle steilen Triebe (Konkurrenztriebe) bleiben erhalten.

Auswirkung Die steile Stellung lässt die neuen Triebe stark wachsen und sie entwickeln sich zu einem zweiten Leitastkranz. Ihr dichtes Schattendach schwächt die darunter stehenden ursprünglichen Leitäste. Aus Lichtmangel sterben ihre Fruchtäste langsam ab. Die Haupterntezone wandert 2 bis 4 m höher in den Bereich des oberen Leitastkranzes. Die Ernte wird dort beschwerlicher.

Korrekturschnitt Solange die ursprünglichen Leitäste noch nicht stark beeinträchtigt sind, können

Fehler: *Leitäste wurden nicht angeschnitten („Trauerweide").*

Dieser Baum wurde *zu wenig geschnitten. Er besitzt zu viele Äste.*

Jeder auch noch so steile Ast *erreicht ohne Schnitt Fruchtbehang.*

***Fehler:** Alle einjährigen Triebe wurden im Jahr nach dem Pflanzschnitt eingekürzt. Die Krone wird dicht und schattig. Wird der Schnitt in den nächsten Jahren wiederholt, verhindern Sie Fruchtertrag.*

***Korrektur:** In den ersten vier bis fünf Jahren werden nur die Triebverlängerungen von Mittelast und Leittästen eingekürzt. Steile Konkurrenztriebe werden entfernt. Die Krone bleibt locker und lichtdurchlässig.*

Sie die „falschen" Leitäste heraussägen. Sind die Äste bereits mehrere Jahre alt, verteilen Sie den Korrekturschnitt auf die nächsten zwei, drei Jahre und nehmen pro Jahr ein bis zwei der Äste heraus.

Schnittzeitpunkt Während des Austriebes im Mai, Juni oder Ende August, Anfang September, alternativ auch im Februar.

Fehler Alle einjährigen Triebe, wie der Mitteltrieb, die Leitäste und deren stärkste Seitentriebe, werden ab dem zweiten Standjahr jährlich komplett eingekürzt. Die Vorstellung ist, durch den Rückschnitt der Triebe den Baum kleiner zu halten und das Wachstum zu bremsen.

Auswirkung Entsprechend der Gesetze im Baum wird das Wachstum sehr stark angeregt. Jeder eingekürzte Trieb bringt wieder ein ganzes Büschel starker Triebe hervor, die jeweils bis 150 cm lang sein können. Die Krone wird Jahr für Jahr dichter. Da Birnen- und Apfelbäume ihre Blütenknospen und Früchte an Trieben tragen, die kürzer als 40 cm sind, verhindern Sie durch den jährlichen Rückschnitt die Bildung kür-

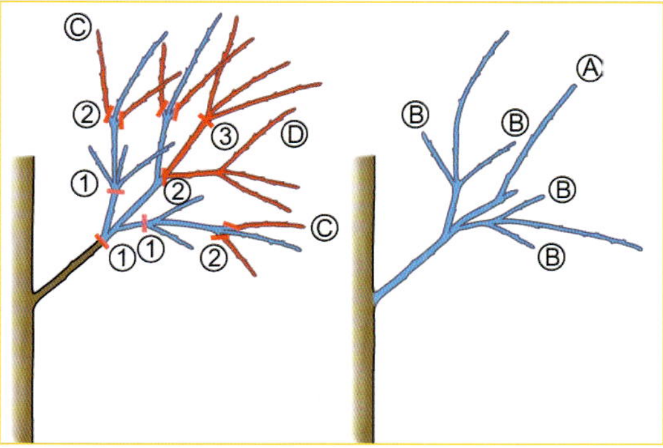

***Fehler:** Über mehrere Jahre wurden alle langen Triebe eingekürzt (1–3). Nach Herausschneiden steiler Konkurrenzäste (C) und steiler Astpartien (D) stehen Leitast (A) und Seitenäste (B) wieder locker.*

Bildung vieler Wasserschosse

zerer Seitentriebe und damit auch jeglichen Fruchtertrages.
Korrekturschnitt Stoppen Sie das Einkürzen aller Triebe. Von den vorhandenen Triebbüscheln am Ende der Äste belassen Sie den obersten Trieb als Astverlängerung. Alle anderen steilen Konkurrenztriebe hinter den Astverlängerungen schneiden Sie heraus. Triebe unter 40 cm Länge bleiben ungeschnitten.

Schnittzeitpunkt Im Mai/Juni, Ende August/September oder auch im Februar.
Fehler Leitäste und Mitteltrieb bleiben ungeschnitten. Sie schneiden den Baum weder nach dem Pflanzen noch in den nächsten vier bis fünf Jahren.
Auswirkung Das Triebwachstum wird nicht angeregt. Die Seitentriebe sind schnell so kurz und

Fehler: *Ungeschnitten bleiben Mitteltrieb und Leitäste elastisch. Der Fruchtertrag setzt früher ein, die Zweige senken sich zum Boden oder brechen ab.*

Korrektur: *Das Einkürzen von Mitteltrieb und Leitästen fördert ihr Dickenwachstum und ihre Stabilität. Sie tragen das Fruchtgewicht der nächsten Jahre ohne stark durchzuhängen und abzubrechen.*

Fehler: *In der Jugend wurden die Leitäste dieses Baumes angeschnitten, die Konkurrenzäste sind im Baum geblieben. Die Krone ist jetzt zu dicht.*

schwachwüchsig, dass sie in den Fruchtertrag kommen. Mitteltrieb und Leitäste bleiben ohne Schnitt sehr elastisch und hängen bei höherem Fruchtertrag bis zum Boden herunter oder brechen ab.
Korrekturschnitt Nach der Ernte sind die Triebe entlastet und kommen wieder in ihre ursprüngliche Stellung zurück. Die ungeschnittenen, zuvor herabhängenden Leitäste und deren Seitenäste werden auf einen schräg nach oben gerich-

teten Fruchtast umgelenkt. Ist der Baum noch jung, wenden Sie in den nächsten drei Jahren den Erziehungsschnitt an. Mitteltriebe und Leitäste, die in den ersten vier bis sechs Jahren eingekürzt wurden, werden stärker und steifer als ungeschnittene und halten sich auch unter dem Gewicht der Früchte aufrecht.
Schnittzeitpunkt Im Februar.

Häufige Fehler beim alten Hochstamm

Die Fehler, die wir beim jungen Baum machen, sind vom Prinzip her auch die häufigsten Fehler am alten Baum.

Mit Hilfe von Betonklötzchen werden bei diesem Apfelspindelbusch Fruchttriebe waagerecht gestellt.

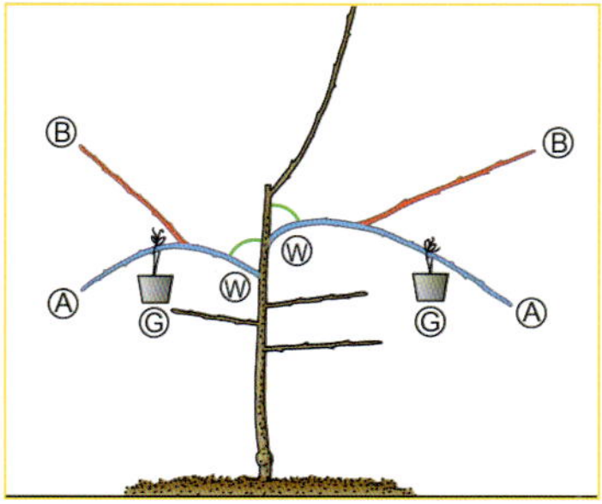

Steile Äste (A) werden durch Gewichte beschwert. Der Abgangswinkel (W) ist steil geblieben. Die Fruchtäste (A) bleiben auf Dauer starkwüchsig und bilden zu starke Triebe (B).

Fehler Sie haben zu viel geschnitten und alle alten Leitäste sowie den Mittelast stark eingekürzt, um den Baum niedrig zu halten.
Auswirkung Je mehr Kronenteile Sie entfernen, desto stärker wächst der Baum. Im Extremfall bildet der Baum viele Wasserschosse.
Korrekturschnitt Siehe dazu Schnitt des Wasserschossbaumes Seite 40 ff.
Fehler Sie schneiden gar nicht mehr.
Auswirkung Die Triebe des Baumes machen nur noch ganz geringen Zuwachs. Es bildet sich ausschließlich Quirlholz als kurztriebiges Fruchtholz. Die Fruchtqualität wird schlechter. Der Baum vergreist.
Korrekturschnitt Siehe dazu Erhaltungsschnitt Seite 39.

Rechtzeitiges Einkürzen oder Fruchtausdünnung machen das Hochbinden überflüssig.

Apfelspindel

Der allgemeine Aufbau sowie der Erziehungs- und Erhaltungsschnitt einer Spindel wurden bereits auf den Seiten 46 ff. beschrieben. Ziel aller Schnittmaßnahmen ist, den Spindelbaum von Anfang an in einem ruhigen, ausgewogenen Wachstum zu halten.
Bei jährlichen Trieblängen von 10 bis 40 cm ist eine regelmäßige Ernte sicherer als bei längeren Trieben und stärkerem Wachstum. Kürzere Triebe bedeutet auch weniger Blattmasse und Schatten. Der Baum trägt somit mehr Früchte, die vollsonnig reifen. Gerade bei der Apfelspindel wurden in den letzten 30 Jahren viele verschiedene Maßnahmen ausprobiert, um die Wuchskraft zu überlisten und ruhiges Wachstum zu erreichen. Einige

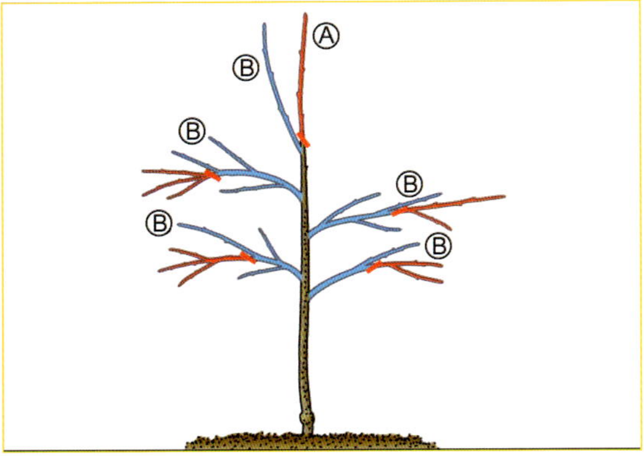

Schlanke Spindel: *Mitteltrieb (A) und Fruchtäste wurden regelmäßig auf stammnahe Seitentriebe (B) umgelenkt. Die Äste werden dicker und das Triebwachstum wird stärker.*

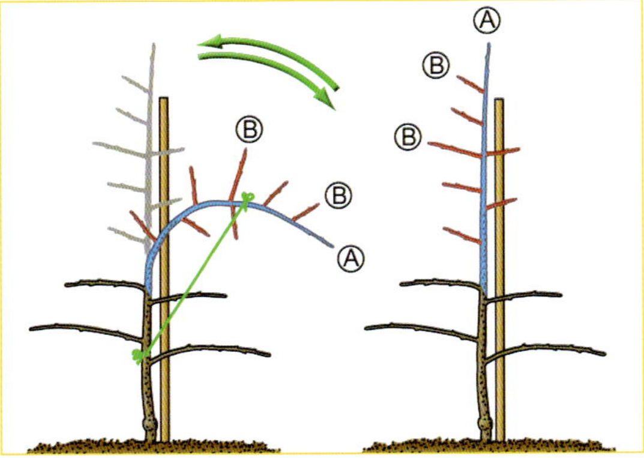

Links: *Der Mitteltrieb (A) wurde heruntergebunden. Auf der Oberseite entstehen verstärkt Triebe (B).*
Rechts: *Wird die Mitte (A) wieder hochgebunden, ist sie mit waagrechten, guten Fruchtästen (B) garniert.*

Entwicklungsschritte sind nachfolgend dargestellt. Sie zeigen, wie wir die Gesetzmäßigkeiten im Wachstum der Bäume immer ein wenig besser mit unseren Zielen langsam in Einklang gebracht haben.

Umgelenkte Spitze *auf Seitentrieb.*

Formierung durch Gewichte und Binden Obstbau ist immer das Ergebnis von der Qualität des Baumes aus der Baumschule und der Qualität der anschließenden Erziehung. Vor 20 bis 30 Jahren wurden dem Gärtner überwiegend Bäume geliefert, deren Triebe für eine Spindelerziehung zu steil waren. Wollte man die „gekauften" Triebe nicht wegschneiden, um möglichst schnell einen ersten Ertrag zu haben, wurden diese Triebe mit Gewichten beschwert oder aufwendig flach gebunden.
Von den Wachstumsgesetzen wissen wir, dass der Abgangswinkel den Zustrom von Wasser und Nährstoffen bestimmt. Steile Äste haben einen größeren Zustrom und stärkeres Wachstum, flachere Äste einen geringeren Zustrom und schwächeres Wachstum. Da der Abgangswinkel weder beim Beschweren noch beim Herunterbinden verändert wird, ist das Wachstum nach einer ein- bis zweijährigen Abschwächung wieder stark und es bilden sich leicht Triebe von 60 bis 100 cm Länge. Nachfolgend mussten die stark wachsenden Fruchtäste dann mit viel Aufwand regelmäßig eingekürzt werden oder wurden nach wenigen Jahren am Mitteltrieb ganz herausgeschnitten. Das Binden und Beschweren hatte nur kurzfristig Erfolg. Ziel musste sein, zu steile Triebe von Anfang herauszuschneiden und sie durch nachwachsende flachere zu ersetzen. Damit ging aber auch die Ernte der

TIPP

Apfelbäume, die als Spindel erzogen werden, eignen sich besonders für kleine Hausgärten. Pflege- und Erntearbeiten lassen sich ohne Probleme durchführen, da sie größtenteils vom Boden aus erledigt werden können.

ersten Jahre verloren. Die bessere Lösung kam einige Jahre später, als Baumschuler es verstanden, Bäume zu produzieren, die von Anfang an flachere, kürzere Seitentriebe hatten. Deshalb ist für den Hobbygärtner wichtig, in der Baumschule für eine Spindel den richtigen Baum mit flach abgehenden Ästen auszuwählen.

Umlenken der Mitte der Fruchtäste Das Ziel war, dass die mehrjährigen Fruchtäste und der Mitteltrieb über ihre ganze Länge immer wieder neue Fruchtruten (30 cm lang) und Fruchtspieße (10 cm lang) ausbilden sollten. Gleichzeitig musste bei einem Pflanzabstand von 1,20 bis 1,50 m ständig die Breite begrenzt werden. Das geschah vor allem durch Umlenkschnitte: Verzweigte Mitteltriebe und Fruchtäste wurden regelmäßig auf einen tiefer stehenden oder stammnäheren Seitenast umgelenkt. Mitteltrieb und Leitäste erhielten dadurch einen leicht schlangenförmigen Verlauf. Starke Konkurrenzäste wurden herausgeschnitten. Durch das Umlenken wurde ein Teil der Krone entfernt. Die Wurzel hatte entsprechend Energien frei, um an den verbleibenden Trieben mehr Äste zu bilden. War der Schnitt zu stark, wurden die zuwachsenden Triebe zu lang und weniger fruchtbar. Von den Wuchsgesetzen her wissen wir, dass Umlenken das Wachstum mittelmäßig anregt. Mit der Zeit wurden durch den regelmäßigen Umlenkschnitt die Fruchtäste und der Mitteltrieb deutlich stärker. Zu starke Fruchtäste wurden wieder ganz herausgeschnitten und durch neue ersetzt. In der Spitze war das Wachstum am stärksten. Am Mitteltrieb mussten immer mehr Jahrestriebe entfernt werden und man lenkte die Spitze nach Möglichkeit auf einen flachen oder schrägen, einjährigen Trieb um. Über Jahre wurde deutlich, dass ein regelmäßiger Umlenkschnitt das Wachstum des gesam-

TIPP

Der Erziehungsschnitt nimmt bei Spindelbäumen etwa drei bis fünf Jahre in Anspruch. Ihre Lebenszeit liegt bei 15 bis 25 Jahren.

Früchte *wurden am Fruchtspieß gebildet. Neben den Früchten bilden sich die Blüten für das kommende Jahr.*

ten Baumes immer noch zu stark anregt. Der Schnitt musste weiterentwickelt werden.

Herunterbinden der Mitte Da der Umlenkschnitt auf einen tiefer stehenden Seitentrieb die Mitte besonders stärkte, musste hier Wachstum „herausgenommen“ werden. Man ging dazu über, den langen, unverzweigten Mitteltrieb während der Erziehungszeit im ersten bis dritten Jahr nicht umzulenken, sondern ihn mit seiner ganzen Länge so tief es ging im Bogen herunterzubinden. Im Bogen bildeten sich, entsprechend der Wachstumsgesetze verstärkt senkrechte Triebe. Waren diese im Sommer verholzt, wurde der Mitteltrieb wieder senkrecht hoch gebunden. Die senkrechten Triebe des Bogens waren jetzt waagrechte Seitentriebe des Mitteltriebes, die sich zu Fruchtästen entwickeln konnten. Die Maßnahme war wirksam, aber sehr zeitaufwändig. Hatte der Baum die volle Höhe und Breite erreicht, wurde er wiederum durch Umlenkschnitte in seinen Maßen gehalten.

***Apfelspindelbäume** 'Jonagold'*

Heutige Schnittmaßnahmen bei der Apfelspindel

Baumqualität Voraussetzung für den harmonisch wachsenden Spindelbaum ist die richtige Pflanzqualität: Die Veredlungsstelle sollte 15 bis 20 cm über dem Boden liegen. Hohes Veredeln bremst das Baumwachstum etwas mehr als eine Ver-

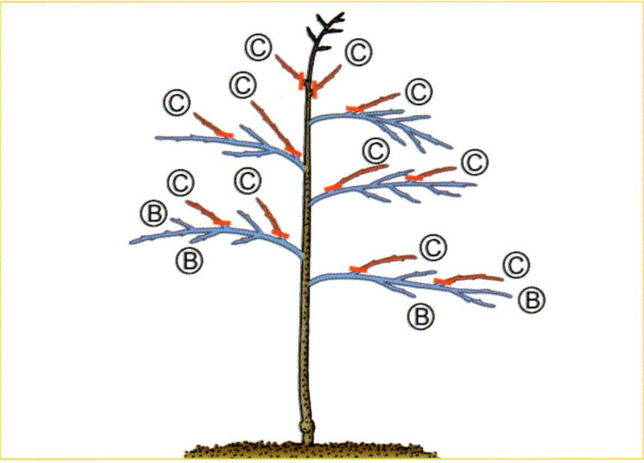

***Schlank schneiden:** Anstatt auf stammnahe Triebe umzulenken, werden die längsten und stärksten Seitentriebe (C) herausgeschnitten. Die verbleibenden Fruchttriebe (B) bekommen so mehr Licht.*

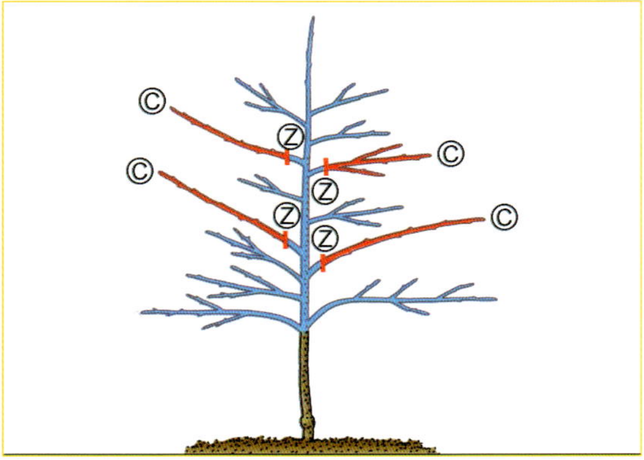

***Zu starke, dicke Fruchtäste** (C) werden entlang des Mitteltriebes immer wieder über Zapfen (Z) entfernt. Der Stamm bleibt frei von Wunden. Die Zapfen können neue Fruchtäste entwickeln.*

edlungsstelle, die direkt über dem Boden liegt. Der Mitteltrieb sollte eine Höhe von 130 bis 150 cm haben. Auf der Höhe zwischen 60 und 110 cm verteilen sich vier bis sechs Seitentriebe mit Längen von 20 bis 50 cm.

Schlank schneiden In den ersten drei bis vier Jahren wird bei Mitteltrieb und verzweigenden Fruchtästen soweit wie möglich auf den Umlenkschnitt verzichtet. Beschränken Sie sich bei den Fruchtästen darauf, Seitentriebe über 20 bis 30 cm Länge zu entfernen. Wir sprechen vom „schlank Schneiden“ der Fruchtäste. Der Fruchtast darf sich über zwei bis vier Jahre in die Länge entwickeln und wird erst dann durch Umlenken auf einen etwas stammnäheren Seitentrieb leicht eingekürzt. Da an den Fruchtästen anfangs immer nur Äste herausgeschnitten und nicht umgelenkt wurden, haben Sie das Triebwachstum so wenig wie möglich angeregt. Der gesamte Baum wächst schwächer und harmonischer. Es entstehen kürzere Triebe, die regelmäßig Früchte tragen.
Im Baum ist weniger Schatten und die Fruchtqualität verbessert sich. Der Schnittaufwand verringert sich.
Vereinzelte Langtriebe werden Ende August, Anfang September herausgeschnitten.

Dicke Fruchtäste entfernen Auf Dauer werden im Baum zu starke Fruchtäste über kurze Zapfen von etwa 5 cm Länge entfernt. Orientieren sie sich an folgenden Maßen: In der unteren Kronenhälfte entfernen Sie regelmäßig im Februar oder März Fruchtäste, die mindestens halb so dick sind wie der Mitteltrieb, in der oberen Kronenhälfte werden alle Fruchtäste und unverzweigte Seitentriebe entfernt, deren Durchmesser ein Drittel des Mitteltriebes oder mehr erreicht haben. Um die Höhe des Mitteltriebes zu begrenzen, wird als Endtrieb ein schräger bis senkrechter, zweijähriger Trieb ausgewählt. Das heißt, die Mitte des Baumes wird weniger stark umgelenkt und das Wachstum dadurch weniger gefördert.

Wurzelschnitt Ist das Wachstum dann immer noch zu stark, greift man im Erwerbsobstbau zu radikalen Notmaßnahmen. Im jährlichen Wechsel werden Mitte Juni mit einem Spezialgerät die Wurzeln

Wichtig: *Die Veredlungsstelle muss oberhalb des Bodens bleiben.*

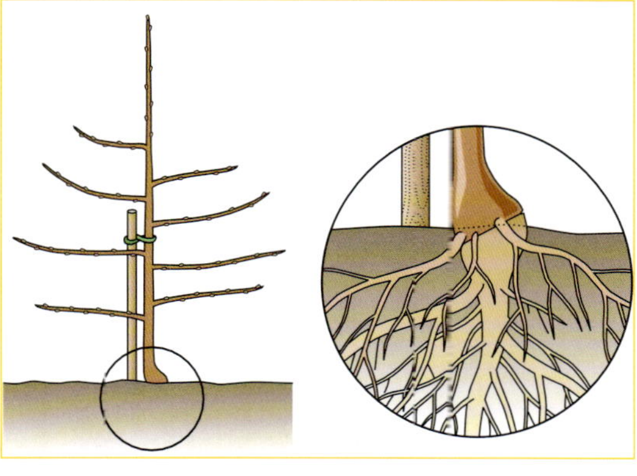

Fehler: *Die Veredlungsstelle wurde zu tief gepflanzt. Die Edelsorte bildet eigene Wurzeln, die stärker wachsen als die der Unterlage. Die Schwachwüchsigkeit des Baumes wird außer Kraft gesetzt. Der Baum kann zwei- bis dreimal so groß werden.*

Starke, steile Jahrestriebe *und mehrjährige, verzweigte Fruchtäste werden besonders in der Spitze, aber auch entlang des gesamten Mitteltriebes, regelmäßig entfernt. Alle Äste werden gut belichtet.*

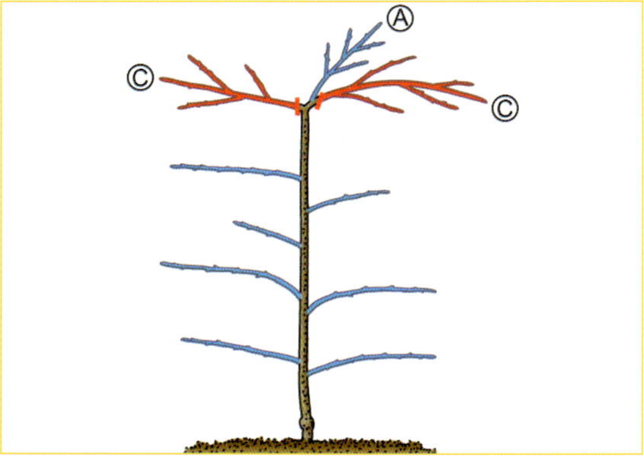

Wenn die obersten Frucht- oder Gerüstäste *(C) zu stark geworden sind, überbauen Sie die Krone und werfen Schatten auf darunter stehende Zweige. Entfernen Sie diese und lassen Sie einen zweijährigen Seitentrieb (A) als neue Mitte stehen.*

einer Baumseite mit 30 bis 40 cm Abstand zum Stamm abgeschnitten. Im veränderten Bewusstsein von Pflanzqualität und Schnittführung hat sich der Schnittaufwand deutlich verringert, der Baum erhält weniger Wunden, das Wachstum ist harmonischer, der Baum gesünder, die Früchte hängen mehr in der Sonne und werden

Apfelspindel *mit langen Fruchtästen*

aromatischer. Diese Erfahrung des Erwerbsobstbaues kann sich auch der Hobbygärtner durch gezielteres Schneiden oder Nichtschneiden zu Nutze machen.

▸ Häufige Fehler bei der Apfelspindel

Die Gartengrundstücke werden immer kleiner. Deshalb greift auch der Hobbygärtner immer häufiger zu schwach wachsenden Spindelbäumen. Der Schnitt ist, wie bereits beschrieben, nicht aufwändiger oder komplizierter als bei der Pyramidenkrone. Je kleiner jedoch die Krone ist, desto schwerer wiegen die Fehler. Falsches Pflanzen und Schneiden kann dazu führen, dass der Baum nach fünf, sechs Jahren so extrem stark gewachsen ist, dass er durch keine Maßnahmen mehr in seine Grenzen zurückgebracht werden kann. Wurden Bäume sehr dicht gepflanzt, bleibt dann oft nur noch das Roden jedes zweiten Baumes oder aller Bäume. Um das zu vermeiden, werden häufige Fehler beim Schnitt der Apfelspindel nachfolgend beschrieben.

Fehler Die Veredlungsstelle wird in den Boden gepflanzt.
Auswirkung Beim Spindelbaum ist die Edelsorte in der Regel auf eine schwach wachsende Wurzel veredelt. Hat die Veredlungsstelle Bodenberührung, bildet die Edelsorte eigene, stark wachsende Wurzeln, die die Schwachwüchsigkeit der Unterlage außer Kraft setzen. Der Baum kann zwei bis dreimal so groß werden und ist durch Schnittmaßnahmen kaum mehr zu bremsen.
Korrekturschnitt Legen Sie die Veredlungsstelle, die Verdickung am Stammfuß, frei. Sie sollte über dem Boden stehen. Steckt sie im Boden, wird sie freigelegt. Haben sich bereits starke Wurzeln gebildet, werden diese unmittelbar

Anstatt alle Wasserschosse *in der Spitze zu entfernen, sollten Sie einen Wasserschoss ungeschnitten stehen lassen. In zwei Jahren trägt er Früchte und bremst das Spitzenwachstum etwas ab.*

flachen, schwach wachsenden erhalten. Sind die starken Seitenäste bereits mehrjährig, sägen Sie aus der unteren Baumhälfte alle Äste heraus, die mindestens halb so dick wie der Mitteltrieb sind. Aus der oberen Baumhälfte entfernen Sie alle Fruchtäste, deren Durchmesser ein Drittel und mehr des Mitteltriebes beträgt. Sind viele Äste herauszuschneiden, verteilen Sie die Schnitte auf zwei bis drei Jahre.
Schnittzeitpunkt Ende August/

neben dem Stamm abgesägt. Verteilen Sie die Schnitte auf zwei Jahre, damit der Baum sich besser auf die schwächere Versorgung einstellen kann.
Schnittzeitpunkt Mitte Juni.

Fehler In der Aufbauzeit der Spindel haben Sie entlang des Mitteltriebes steile Seitenäste stehen gelassen, in der Meinung, dass die stärkeren Äste auch die besseren sind.
Auswirkung Die steilen Äste wachsen stark und unterdrücken in den nächsten Jahren alle flach stehenden, schwach wachsenden Fruchtäste. Starke Triebe bringen weniger oder keine Früchte und viel Schatten. Die Apfelspindel, die 1,00 bis 1,50 m breit werden sollte, dehnt sich über 2 bis 3 m aus. Sie verliert vollkommen die Form und hat wenige Früchte von schlechterer Qualität.
Korrekturschnitt Beim Spindelbaum erhalten Sie eine schmale, schwach wachsende Krone, indem Sie die starken, steilen, einjährigen Seitentriebe entlang des Mitteltriebes jährlich entfernen und nur die

Jahrestriebe in Baumspitze: *starke werden entfernt, schwache bleiben ungeschnitten.*

September oder im Februar/März (regt Wachstum stärker an).

Fehler Die obersten Fruchtäste haben sich trotz flacher Stellung sehr stark entwickelt, bilden ein dichtes Schattendach und werden nicht herausgeschnitten. Es kommt zu einer Überbauung der Spitze.
Auswirkung Bleiben diese stark entwickelten Fruchtäste mehrere Jahre in der Krone, verkümmern alle darunter stehenden schwächeren Fruchtäste. Sie verlieren so den Bereich des Baumes, den Sie leicht und bequem beernten konnten.

Korrekturschnitt Entfernen Sie alle starken Fruchtäste in der Spitze. Belassen Sie als Spitze jährlich wechselnd einen relativ aufrechten, zweijährigen Trieb (Langtrieb mit kurzen Seitentrieben). Die unteren Fruchtäste bekommen wieder mehr Licht und regenerieren sich.

Fehler Sie entfernen in der Spitze jährlich alle Wasserschosse, mit der Vorstellung, den Baum so niedrig zu halten.
Auswirkung Das Triebwachstum ist in der Spitze von Natur aus am stärksten und wird durch das Wegschneiden aller Triebe zusätzlich verstärkt. Jährlich wächst die Zahl der Wasserschosse.
Korrekturschnitt Kontrollieren Sie die Veredlungsstelle. Hat die Edelsorte Wurzeln gebildet, beginnen sie mit dem Wurzelschnitt. Lassen Sie zusätzlich in der Spitze einen Wasserschoss ungeschnitten stehen. Er verzweigt sich, bildet Blüten und Früchte und bremst das Wachstum in der Spitze etwas ab. Im dritten Jahr wird er entfernt. Ein Jahr zuvor haben Sie erneut einen einjährigen Trieb stehen gelassen. Dieser ist jetzt zweijährig und bildet die neue Mitte.
Schnittzeitpunkt Mitte August / Anfang September oder Februar/März.

Fehler Sie lenken den Mitteltrieb jährlich auf einen tieferen stehenden Seitentrieb und alle Fruchtäste ent-

Fehler: *Starke Äste in der Spitze haben die Krone überbaut.*

Fehler: *Umlenkschnitte (1) auf stammnähere Seitentriebe regen das Triebwachstum zu stark an.*

Fehler: *Alle Triebe der Krone werden eingekürzt, in der Vorstellung den Baum damit schmal und niedrig zu halten. Das Wachstum wird so aber extrem stark angeregt.*

lang des Mitteltriebes auf einen stammnäheren Seitentrieb um.
Auswirkung Sie glauben, den Baum „kleiner" zu schneiden. Umlenkschnitte regen das Wachstum zwar schwächer an als das direkte Einkürzen der Äste ins einjährige Holz, aber an den Umlenkstellen oder auch kurz dahinter entstehen oft Langtriebe, die keine Blütenknospen tragen. Das Wachstum wird dadurch zu stark angeregt. Hat der Fruchtast am Mitteltrieb zudem einen steilen Abgangswinkel, ist das Wachstum nicht mehr zu bremsen. Die Spindel bildet immer mehr Langtriebe (Holztriebe) und weniger Kurztriebe mit Fruchtbehang.
Korrekturschnitt Lassen Sie die Langtriebe, die durch das Umlenken entstanden sind, die nächsten zwei bis drei Jahre ungekürzt. Diese bilden kürzere Seitentriebe, die Früchte tragen. Das Fruchtgewicht zieht sie nach unten. In dieser Stellung wird ihr Wachstum zusätzlich schwächer.
Zu lange Seitentriebe werden aus den Fruchtästen ganz entfernt (schlank schneiden).
Nach drei Jahren können die Fruchtäste durch einen schwachen Umlenkschnitt auf einen waagrechten oder leicht nach oben gerichteten Zweig eingekürzt werden.

***Ballerinabäumchen** im Hausgarten*

***Ballerinabaum** mit Fruchtbehang*

Fehler Sie kürzen alle Triebe der Spindelkrone ein, in der Vorstellung, damit den Baum schmal und niedrig zu halten.
Auswirkung Sie bewirken genau das Gegenteil. Das Einkürzen von Trieben ist die stärkste Form, das Wachstum anzuregen. Der Baum wächst weit über seine ursprünglich gedachten Grenzen hinaus. Die Krone wird extrem dicht und trägt wenig Früchte.

Korrekturschnitt Alle flachen Gerüstäste und deren Seitentriebe bleiben ungeschnitten.
Alle steilen Äste und Jahrestriebe werden aus der Krone ganz heraus geschnitten.
Schnittzeitpunkt Februar/März oder Ende August/September.

Ballerinabäume – Säulenapfelbäume

Mit Ballerina-Apfelbäumen wird eine Sortengruppe bezeichnet, die von Natur aus sehr kurztriebig ist.

Herbstbirne ***'Jules Guyot'***

Herkunft Der extrem schwache Wuchs wurde nicht künstlich, zum Beispiel durch Genmanipulation, hervorgebracht. Die Kurztriebigkeit ist vor 35 Jahren in einer kanadischen Apfelanlage natürlich aufgetreten. Der entdeckte Einzelbaum wurde in England mit anderen Sorten gekreuzt.

Das Ergebnis sind fünf Sorten, die seit etwa zehn Jahren auf dem Markt angeboten werden (siehe Sortenliste, Seite 138 ff.).

Der Vertrieb erfolgte anfangs über die englische Firma „Ballerina-Trees", die der kurztriebigen Apfelsortengruppe ihren Namen gegeben hat.

Schnitt Bei einem jährlichen Triebzuwachs von wenigen Zentimetern ist ein 10-jähriger Baum auf einer mittelstark wachsenden Unterlage etwa 60 bis 70 cm breit und 3 bis 4 m hoch.

Ballerina-Bäume benötigen in der Regel keinen Schnitt. Wächst ein Trieb über das Maß der anderen hinaus, wird er auf einen Seitenspieß umgelenkt.

Bedeutung Trotz des Vorteils, dass sie nicht geschnitten werden müssen, sind die Sorten wegen ihrer Anfälligkeit für Pilzkrankheiten und ihres schwachen Aromas im Nutzgarten nicht verbreitet. Im Ziergarten werden sie wegen ihrer Säulenform gern als Solitärpflanze im Staudenbeet oder als Kübelpflanze in Innenhöfen und auf Terrassen verwendet. Die Sorte 'Maypole' hat durch ihre karminroten Blüten und ihr dunkelrotes Laub einen besonders hohen Zierwert.

▸ Birnenspindel

Grundsätzlich treffen die Schnittmaßnahmen, die bei der Apfelspindel dargestellt wurden, auch auf Birnen zu. Da Birnbäume jedoch einen anderen Wuchscharakter haben, sollen die Abweichungen noch einmal herausgestellt werden.

Birnenspindel *nach dem Schnitt*

Starke Wasserschossbildung

Schnitt Bei Birnenspindeln können die Fruchtäste deutlich steiler als beim Apfel wachsen. Nehmen Sie die steilsten Jahrestriebe entlang des Mitteltriebes ganz heraus und belassen Sie die Triebe mit dem flachsten Abgangswinkel als zukünftige Fruchtäste. Im zweiten Jahr bilden diese viele Ringelspieße von 1 bis 2 cm Länge und sind mit Blütenknospen besetzt. Ein Jahr später tragen auch die steileren Äste Früchte und werden durch das Gewicht im Bogen stark nach unten gezogen. Im Scheitel des Bogens entstehen entsprechend der Wachstumsgesetze mehr oder weniger lange, senkrechte Triebe. Bleiben diese wiederum ungeschnitten, bilden auch sie im nächsten Jahr über ihre gesamte Länge Ringelspieße mit Blütenknospen aus. Ohne Schnittmaßnahmen werden die Fruchtäste der Birnenspindel zu dicht und bilden immer mehr altes Quirlholz. Neues Triebwachstum bleibt aus. Kürzen Sie jährlich lange Fruchttriebe, indem Sie das hängende Fruchtholz auf einen kurzen, waagrechten oder leicht aufrechten Spieß umlenken.

Langes Fruchtholz Birnensorten, wie zum Beispiel 'Alexander Lucas', tragen die besten Früchte nicht am kurzen Quirlholz, sondern am etwas längeren, jungen Fruchtholz (Fruchtruten, Fruchtspieße). Bei diesen Sorten brauchen wir einen regelmäßigen, mittleren Triebzuwachs. Der Fruchtertrag muss deshalb immer reduziert werden, damit Triebwachstum angeregt wird. Beginnen Sie die zweijährigen, mit Ringelspießen besetzten Triebe etwa um ein Drittel bis zur Hälfte einzukürzen. Damit entfernen Sie potenzielle Früchte und geben Energie für das Triebwachstum frei.

Stehen im nächsten Jahr auf dem Fruchtast mehrere senkrechte Triebe, schneiden Sie die meisten im Sommer (Ende August/September) auf Stummel mit vier bis fünf Knospen zurück (siehe Birnenspaliere, Seite 76). Stehen sie sehr dicht, werden einige ganz herausgeschnitten und ein bis zwei bleiben ungeschnitten in gutem Abstand voneinander stehen. Sie beschatten sich nicht gegenseitig und kippen in den nächsten Jahren unter dem Gewicht ihrer Früchte ab.

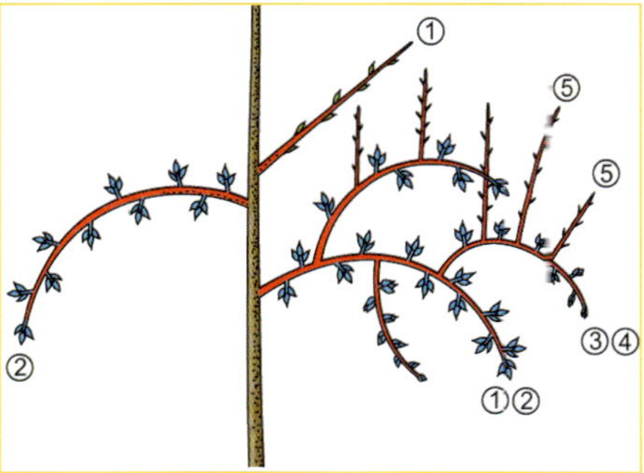

Äste in der ungeschnittenene Birnenspindel: *1: einjähriger Langtrieb, künftiger Fruchtast. 2: zweijähriger Trieb mit kurzem Fruchtholz. 3: dreijähriger Trieb mit senkrechten Ständertrieben. 4: vierjähriger Trieb mit Ständertrieben, die Früchte gebildet haben. 5: fünfjähriger Trieb mit erneuter Ständertriebbildung.*

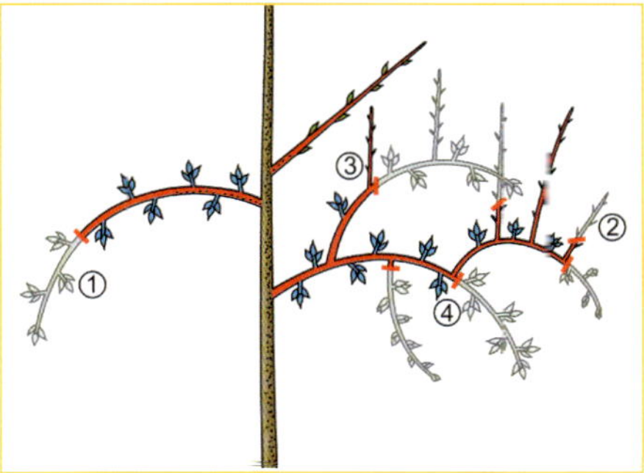

Zweijährige Triebe mit Ringelspießen *(1) werden ein Drittel bis halb gekürzt. Senkrechte Seitentriebe (2) werden auf Stummel eingekürzt. Triebe, die unter Fruchtgewicht nicht abkippen (3), bleiben stehen. Der ursprüngliche Fruchtast (4) und seine Seitentriebe werden auf stammnähere Triebe umgelenkt.*

Trieblängen zwischen 10 und 30 cm sind als langes Fruchtholz (Fruchtruten und Fruchtspieße) willkommen, werden geschont und bleiben ungeschnitten. Die Fruchtäste und ihre Seitentriebe werden jährlich eingekürzt, indem sie je nach Situation auf Ringelspieße, Fruchtspieße, einjährige oder zweijährige Ständertriebe umgelenkt werden.

Kurzes Fruchtholz Bei einigen Sorten, wie zum Beispiel 'Williams Christ', wächst die beste Fruchtqualität am alten verzweigten, kurzen Quirlholz. Bei diesen Sorten ist verstärkt das Quirlholz zu schonen und Langtriebe und Fruchtruten werden im Sommer (Ende August/ September) über Stummel mit vier bis fünf Knospen herausgeschnitten. Immer wieder wird aber ein langer Ständertrieb erhalten. Er verzweigt mit Kurztrieben und kippt unter dem Gewicht ab. Jetzt wird der alte Gerüstast durch Umlenken auf diesen jüngeren Fruchtast verjüngt.

Gekreuzte Zweige *sind über das freigelegte Kambium zusammengewachsen.*

Palmetten-Spalier *bei Birne*

Birnenspalier

Die grundsätzlichen Schnittmaßnahmen für das Spalier wurden bereits auf den Seiten 50 ff. beschrieben.

Birnen sind zur Erziehung am Spalier besonders gut geeignet, da die meisten Sorten bereitwillig kurzes Fruchtholz wie Ringelspieße und Quirlholz bilden, was beim Spalier besonders erwünscht ist. Zudem benötigen Birnensorten für eine gute Fruchtqualität viel Wärme, die an geschützten Wänden besser gegeben ist als im Garten.

Pflanzung und Pflanzschnitt Für Spaliere pflanzen Sie Birnbäume, auf schwach wachsenden Unterlagen, wie zum Beispiel 'Quitte A' oder 'Quitte C'. Soll das Spalier sehr umfangreich werden, wird die starke Wuchskraft einer Sämlingsunterlage benötigt.

Da es bei Spalieren sehr auf die Bildung von kurzem Fruchtholz ankommt, sollen die Schnitte, die die Bildung von kurzem Fruchtholz anregen, im Folgenden noch einmal besonders herausgestellt werden.

Der einzelne waagrechte Ast eines Spalierbaums, der mit Fruchtholz besetzt ist, wird auch waagrechter Schnurbaum oder Kordon genannt. Möchten Sie einen waagrechten Schnurbaum (Kordon) mit vier bis fünf übereinander angeordneten

***U-förmiges Spalier** bei Birne*

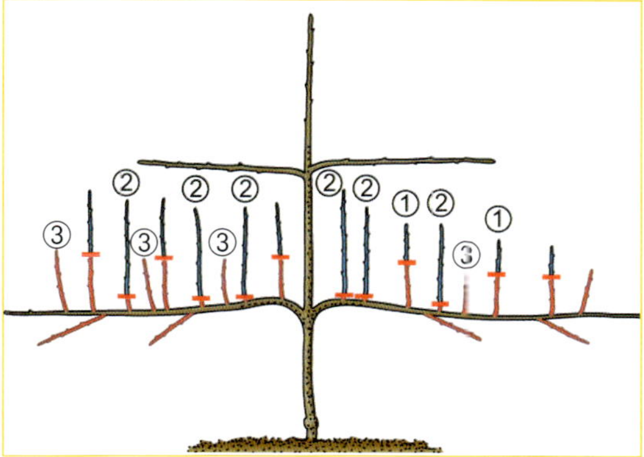

***Sommerschnitt im Juni:** Lange Ständertriebe (1) werden auf sieben bis acht Blätter eingekürzt, zu dicht stehende Ständertriebe (2) werden ganz entfernt. Kurze Seitentriebe (3) bleiben ungeschnitten.*

Astpaaren erziehen, dann sollten Sie im Herbst einen Baum pflanzen, der nur aus einem unverzweigten Trieb besteht. Diesen Trieb schneiden Sie anschließend auf fünf bis sechs Knospen über der gedachten Höhe des ersten Astpaares zurück.

Aufbauschnitt Nach dem Pflanzschnitt treibt der eingekürzte Mitteltrieb im kommenden Frühjahr stark aus. Treibt die oberste Knospe wider Erwarten nicht stark aus und entwickelt sich ein tiefer stehender Trieb besser, dann lenken Sie auf diesen Trieb um. Er bildet dann die Stammverlängerung. Ein bis zwei steile Konkurrenztriebe und ganz flache kurze Seitentriebe werden im Mai, Juni herausgeschnitten. Ein mittelsteiles Astpaar wird ausgewählt, an Bambusstäben befestigt und bis zum Herbst Stück für Stück in die Waagrechte abgesenkt. Ein zweites Astpaar soll etwa 40 bis 50 cm über dem ersten stehen.

Im folgenden Winter wird der Mitteltrieb wieder auf fünf bis sechs Knospen über der geplanten zweiten Astetage gekürzt. Sind die Triebe des ersten Astpaares länger als ca. 60 cm, werden auch sie an der Spitze mäßig eingekürzt. Sie sollen möglichst über ihre ganze Länge Seitentriebe oder Ringelspieße bilden.

Im Mai oder Juni erfolgen die gleichen Schnittmaßnahmen wie ein Jahr zuvor: Im oberen Teil des Mitteltriebes werden zu steile und zu flache, neue Seitentriebe entfernt. Ein zweites Astpaar wird etwa 40 bis 50 cm über dem ersten mit Bambusstäben zum Herunterbinden vorbereitet.

Für das Gelingen der Spaliererzie-

TIPP

Um die Grundform des Spaliers gut zu erkennen, müssen die Seitentriebe von Mai bis August regelmäßig eingekürzt werden. Die Anzahl der Schnitte hängt von der Wuchskraft des Baumes ab. Bei besonders schönen und exakten Formen können Sie die Schnittmaßnahmen in diesem Zeitraum fast alle zwei Wochen durchführen.

Sommerschnitt an Birnenspalier

hung ist jetzt das Beobachten der Seitentriebe des ersten waagrechten Astpaares besonders wichtig: Zu dicht stehende oder zur Wand gerichtete Seitentriebe werden herausgeschnitten. Alle Seitentriebe, die am Astpaar stehen bleiben, sollen über Sommer Blütenknospen bilden und im nächsten Jahr Früchte tragen. Seitentriebe, die im Juni nicht länger als 10 bis 30 cm (sieben bis acht Blätter) sind, bilden in der Regel bis zum Herbst in ihrer Spitze eine Blütenknospe aus. Diese Triebe bleiben im Sommer ungeschnitten. Seitentriebe, die im Juni deutlich länger als 30 cm sind, werden auf sechs bis acht Blätter eingekürzt.

Die eingekürzten Triebe treiben im Juli oder August aus ihren obersten Knospen wieder aus und werden noch ein-, zweimal etwa zwei Blätter nach dem vorherigen Schnitt eingekürzt oder entspitzt. Im kommenden Winter werden die eingekürzten Seitentriebe endgültig auf etwa vier Knospen zurückgeschnitten.

Kurzer Fruchtholzschnitt In der folgenden Wachstumsperiode treibt die obere Knospe einen mittelstarken Trieb, die drei darunter stehenden Knospen bilden Kurztriebe (Fruchtspieße oder Ringelspieße) mit einer Blütenknospe. Im August wird der stärkere Trieb der obersten Knospe an seinem Entstehungspunkt herausgeschnitten. Er hat durch seine Blätter die kurzen Fruchttriebe gut versorgt.

Sommerschnitt im Juli oder August: *Der eingekürzte Ständertrieb hat aus den obersten Knospen ausgetrieben und wird erneut zwei Blätter nach dem vorherigen Schnitt gekürzt.*

Im Winter *wird der mehrfach eingekürzte Ständertrieb auf vier Knospen reduziert.*

Diese tragen im nächsten Jahr Früchte.
Lange Seitentriebe können also durch mehrfaches Einkürzen im Sommer dazu gebracht werden, dass sie im nächsten Jahr kurzes Fruchtholz hervorbringen. Wir nennen diese Schnittart auch den kurzen Fruchtholzschnitt. Würde der starke Seitentrieb ohne Sommerschnitt direkt im Winter auf vier Knospen eingekürzt, würde das Wachstum zu stark angeregt und die vier Seitentriebe würden sich so stark entwickeln, dass sie nicht mit Sicherheit Blütenknospen bilden.

Sommerschnitt Ist das Spalier mit der gewünschten Zahl Astpaare aufgebaut, wird der regelmäßige Sommerschnitt der Seitentriebe die wichtigste Arbeit am Spalier sein.

Kreativität beim Formschnitt

Besonders in alten, französischen Gärten wurde das Handwerk der kunstvollen Formschnitte bei Birne bestens bewahrt und erlebt zur Zeit bei vielen Gartenrestaurierungen, aber auch bei modernen Neugestaltungen, eine Renaissance. Neben Palmetten-Spalieren mit schräg gestellten Fruchtästen und den traditionellen U- und Doppel-U-Formen sucht die moderne Gartengestaltung auch nach ungewöhnlicheren Formen. Nach dem Motto „Die Pflanze folgt mir auf den Schnitt" ist alles erlaubt, was dem Gärtner einfällt und zum Erfolg führt.
So können Sie zum Beispiel auch einen lebenden Jägerzaun erschaffen: Pflanzen Sie junge Bäume mit ungefähr 1 m Abstand zueinander und belassen Sie zwei lange Triebe. Kreuzen Sie den Trieb eines Baumes jeweils mit einem Trieb des nächsten Baumes und schneiden Sie am Kreuzungspunkt im Mai oder Juni das Kambium der jungen Triebe frei. Danach legen Sie Kambium auf Kambium und binden die Triebe fest zusammen. Über Sommer wachsen beide zusammen und bilden eine dauerhafte Verbindung (Abbildung S. 76). Die Seitentriebe werden in den nächsten Jahren wie beim Kordon regelmäßig über Sommerschnitt so eingekürzt, dass die ungewöhnliche Form zu sehen ist.

***Birnenspalierbaum** an Hauswand*

TIPP

Lange Seitentriebe werden durch einen regelmäßigen Rückschnitt im Sommer dazu angeregt, Kurztriebe mit Blütenknospen zu bilden. Der regelmäßige Sommerschnitt sichert also die Ausbildung von kompaktem, kurzem Fruchtholz und demnach den Fruchtertrag.

Quitte

Quittenbäume (*Cydonia oblonga*) bleiben von Natur aus klein und sind eher ein großer Strauch als ein Baum. Da Quitte mit Birne verwachsen kann, nutzt man sie auch als schwach wachsende Unterlage für Birnen.
Die Quitte wird meistens als Busch oder Meterstamm verkauft. Sie baut ihre Krone sehr gut allein auf, lässt sich aber auch bereitwillig zu einer Pyramiden- oder Hohlkrone erziehen.

▸ Pflanzschnitt

Pflanzen Sie eine zweijährige Veredlung. Beim Pflanzschnitt belassen Sie neben dem Mitteltrieb drei bis fünf Leittriebe in gutem Abstand zueinander. Alle anderen Triebe werden herausgeschnitten. Leitäste und Mitteltrieb werden um ein Drittel auf eine nach außen stehende Knospe eingekürzt. Im nächsten Jahr werden die Konkurrenzäste der Leittriebe entfernt. Ist der Triebzuwachs jetzt 50 bis 60 cm oder länger, können Sie auf einen weiteren Erziehungsschnitt verzichten.

Blüten *eines Quittenbaumes*

Quittenbaum *als Rundkrone erzogen in voller Blüte*

▸ Verjüngungsschnitt

In sechs bis sieben Jahren beginnen Sie mit einem leichten Verjüngungsschnitt. Sie kürzen die Leitäste und den Mitteltrieb ein, indem Sie auf einen etwas tiefer stehenden Seitenast umlenken. Ebenso werden die fruchttragenden Seitenäste entlang der Leittriebe leicht eingekürzt. Beim Schnitt machen Sie keinen Unterschied, ob es eine Birnen- oder Apfelquittensorte ist. Das junge Holz der Quitte ist sehr frostempfindlich. Dabei sind Apfelquitten in der Regel etwas frosthärter als Birnenquitten. Sind Teile der Triebe erfroren, schneiden Sie bis ins gesunde Holz zurück.

***Blüten** einer Mispel*

Mispel

Die Mispel (*Mespilus germanica*) liebt warme, sonnige bis halbschattige Lagen und wird gern wegen ihres Zierwertes als kleinkroniger Baum oder großer Strauch in die Gärten gepflanzt. Sie wird in der Baumschule auf Birne, Quitte oder Weißdorn veredelt. Dabei bleiben Bäume und Sträucher, die auf Weißdorn veredelt sind, am kleinsten. Mispeln werden bei 3 bis 5 m Höhe in der Regel als Naturkrone belassen. Sie können aber auch, wie bei Quitte beschrieben, in den beiden ersten Jahren einen leichten Erziehungsschnitt durchführen.

Nashi

Die Nashi oder Asienbirne (*Pyrus pyrifolia*) ist eine eigenständige Obstart. Sie ist weder mit unseren Birnen verwandt noch ist sie eine Kreuzung aus Apfel und Birne. Mit ihren schönen reinweißen Blüten stellt sie eine Augenweide im Ziergarten dar. Zur Befruchtung benötigt sie eine zweite Sorte oder eine Birnensorte, die auch befruchten kann.
Nashi-Bäume sind in der Regel auf Birnensämlinge veredelt.

Die Asienbirne kann als Pyramiden- oder Hohlkrone erzogen werden, ist aber auch gut für die Spindelerziehung geeignet.

▸ Schnitt

Beim Schnitt orientieren Sie sich an der Birne. Da die Nashi sehr fruchtbar ist, lässt sie im Wachstum schnell nach und droht infolgedessen zu vergreisen. Sie benötigt deshalb regelmäßig einen guten Erhaltungs- und Verjüngungsschnitt, bei dem altes, hängendes Fruchtholz entfernt wird.

***Reife Früchte** der Nashi am Fruchtspieß*

Zwetsche (mit Pflaume und Mirabelle)

▸ Rundkronen bei Halb- und Hochstämmen

Der Aufbau von Rundkronen erfolgt bei Zwetschen, Pflaumen und Mirabellen (*Prunus domestica*) ähnlich wie bei Äpfeln (siehe Seite 58 ff.). Allerdings neigen diese drei Steinobstarten dazu, steilere Äste zu bilden. Bleiben steile Konkurrenzäste erhalten, brechen sie im Vollertrag gern aus und verursachen am Stamm große Wunden. Wir nennen diese Äste auch Schlitzäste. Deshalb müssen Sie während des Aufbauschnittes am Mitteltrieb und den Leitästen konsequent alle steilen Konkurrenzäste entfernen. Gibt es bei Apfel und Birne in der Regel einen Konkurrenztrieb pro Leitast, so können es bei Zwetsche und Pflaume leicht auch zwei oder drei sein.

Aufbau Neben den Konkurrenztrieben bilden Zwetschenbäume in der Aufbauphase, aber auch in der Vollertragszeit, am Stamm und den Leitästen gern starke, oft senkrecht stehende Langtriebe (Wasserschosse). Werden sie nicht für den Aufbau oder die Verjüngung der Krone gebraucht, entfernen Sie die Triebe bereits im krautigen Zustand im Mai oder Juni, spätestens jedoch beim Winterschnitt im Januar oder Februar.

Auf Zapfen schneiden Zwetschen sind an Wunden besonders anfällig

***Mit Bakterien oder Pilzen** infizierte Wunde eines Zwetschenstammes*

für Pilz- und Bakterienkrankheiten. Muss während des Kronenaufbaus oder später ein älterer Ast am Mitteltrieb oder an einem Leitast entfernt werden, geschieht dies über einen längeren Zapfen (ca. 20 bis 30 cm). Als Zapfen wird ein beim Schnitt nicht restlos entfernter Trieb bezeichnet. Der Zapfen stellt einen Puffer für Krankheiten dar, die sonst direkt den Stamm oder Leitast infizieren würden. Starke Neutriebe am Zapfen werden entfernt. Schwache, kurze Triebe dagegen sind willkommen, um ihn lebendig zu halten. Die Pufferwirkung eines lebendigen Zapfens ist besser als die eines abgestorbenen.

Erhaltungsschnitt Da Zwetschenbäume mit ihren Leit- und Fruchtästen steiler stehen als Apfelbäume, besteht bei ihnen bei

Reife Zwetschenfrüchte

einem vollen Ertrag große Gefahr, dass ganze Äste ausbrechen. Deshalb darf besonders der Erhaltungsschnitt nicht vernachlässigt werden: Entfernen Sie regelmäßig einen Teil des Fruchtholzes, indem Sie die Leitäste und deren Seitentriebe auf tiefer stehende, stammnähere Zweige umlenken. Stark hängende Astpartien mit wenig Zuwachs werden auf waagrechte oder leicht aufgerichtete, kurze Triebe gelenkt. Schneiden Sie verästeltes Quirlholz teilweise weg. Wenn Sie regelmäßig ein Teil des Fruchtholzes enterfernen, bleiben die Früchte auch deutlich größer und werden aromatischer.

▸ Tellerkrone

Die Tellerkrone wurde umfassend auf den Seiten 42 ff. beschrieben. Die Baumform wird fast ausschließlich bei Zwetschen angewendet. Zwetschen tragen die besten Früchte an zwei- und dreijährigem Fruchtholz, das heißt an kurzen, 3 bis 8 cm langen Seitentrieben der Langtriebe. Das bedeutet für den Schnitt, dass Sie immer wieder schräg stehende, mittellange Triebe von 50 bis 80 cm Länge hervorbringen wollen, die im nächsten Jahr kurze Seitentriebe als gutes Fruchtholz bilden. Sie erreichen diesen Triebzuwachs, indem Sie die Leitäste und deren starke Seitenäste jährlich durch Winterschnitt (Januar/Februar) auf einen stammnäheren oder tiefer stehenden Seitentrieb umlenken. Sind keine längeren Seitentriebe vorhanden, setzen Sie den Ast auf einen kurzen Spieß ab.

Gut aufgebaute Tellerkrone *mit zahlreichen Leitästen. Der Mitteltrieb ist noch vorhanden und kann jetzt entfernt werden.*

Rundkrone eines Hochstammes *mit drei Leitästen und Mitteltrieb. Sie hat bereits viel Fruchtholz aufgebaut und ist im Ertragsstadium.*

Oft entstehen bei Zwetschen am Mitteltrieb senkrechte Wasserschosse. Kann man sie nicht sinnvoll in die Krone einbinden, werden Sie bereits im Mai/Juni, bevor sie verholzen, abgerissen. Alternativ kann man auch die ausgewachsenen Triebe im Winterschnitt entfernen. Stehen auf Leitästen und deren stärkeren Seitenästen senkrechte einjährige Ständertriebe, werden diese im Spätsommer (Mitte August bis Mitte September) auf Stummel mit zwei bis vier Knospen eingekürzt, bei sehr dichtem Stand werden einige ganz herausgeschnitten. Das Fruchtholz bekommt durch den Rückschnitt der Langtriebe mehr Licht, die Leitäste werden durch die Blätter der Stummel besser beschattet und vor Sonnenbrand geschützt. Die Stummel bringen im nächsten Jahr kurze Triebe und somit Fruchtholz hervor.

Stark wachsende Zwetschenrundkrone *auf einem Hochstamm in voller Blüte*

TIPP

Tragen ihre Zwetschen und Pflaumen über Jahre keine Früchte, kann es an der fehlenden Befruchtung liegen. Wir kennen selbstfruchtbare und selbststerile Sorten. Zu den selbstfruchtbaren Sorten zählen zum Beispiel 'Bühler', 'Hauszwetsche', 'The Czar', 'Nancymirabelle'. Zu den selbststerilen Sorten zählen unter anderem 'Katinka', 'Präsenta', 'Große grüne Reneclaude', 'Lützelsachser', 'Ruth Gerstetter', 'Zimmers'. Sie benötigen zum Fruchtertrag immer eine zweite, passende Befruchtersorte. Sorten wie 'Ersinger oder 'Fellenberg sind zwar selbstfruchtbar, der Ertrag und die Fruchtgröße werden durch eine Befruchtersorte jedoch verbessert.

▸ Spindelkrone

Die Grundlagen für den Schnitt eines Spindelbaumes wurden auf den Seiten 46ff. beschrieben.
Bei Zwetschen ist die Erziehung zur Spindelkrone relativ neu und wird erst seit 10 bis 15 Jahren angewendet. Im Erwerbsanbau steht die Spindel inzwischen gleichwertig neben der Tellerkrone. Im Hausgarten hat die Spindel sogar den Vorzug, da sie aufgrund der schmaleren Krone weniger Platz beansprucht.
Ziel beim Spindelbaum ist, dass man den größten Teil der Früchte vom Boden aus ernten kann und der Baum deshalb nicht höher als

***Mirabellen** an kurzen Fruchtspießen*

ungefähr 2,50 m ist. Bei Zwetschen fehlen allerdings schwach wachsende Unterlagen, wie es sie beim Apfel gibt, und man kann daher die geringe Baumhöhe nur über „Umwege" erreichen.

Aufbauschnitt Bei einer Apfelspindel auf schwach wachsender Unterlage wird der Mitteltrieb nach vier bis fünf Jahren, wenn er eine Höhe von 2 bis 2,50 m erreicht hat, jährlich auf einen tiefer stehenden, zweijährigen Trieb umgelenkt. Da die Zwetschenspindel wegen der stärkeren Unterlage ein größeres Wuchspotenzial hat, lassen wir die Mitte noch weitere ein bis zwei Jahre ungekürzt. Der Baum erreicht dann vorübergehend 3,50 bis 4 m Höhe. Haben sich entlang des Mitteltriebes ausreichend Fruchtäste und Fruchtholz gebildet, bremst der Fruchtbehang das Triebwachstum deutlich. Jetzt können Sie den Baum einkürzen, ohne dass er mit all zu starkem Triebwachstum reagiert. Lenken Sie die Spitze bei einer Baumhöhe von gut 2,0 m auf einen zweijährigen Seitentrieb um.

Steile Fruchtäste Darüber hinaus sind für Zwetschenspindeln folgende Überlegungen zu beachten: Die Zwetsche neigt dazu, steilere Triebe zu bilden als der Apfel. Tolerieren Sie entlang des Mitteltriebes auch etwas steiler abgehende Fruchtäste. Dennoch gilt die allgemeine Maßgabe, dass flache Triebe gefördert und zu steile entfernt werden.

Zu steile oder zu stark gewordene Fruchtäste am Mitteltrieb werden immer entfernt, indem man sie auf Zapfen zurückschneidet. Das schont den Stamm vor aggressiven Krankheiten.

Wasserschosse Steile Wasserschosse am Mitteltrieb werden ebenfalls regelmäßig durch Sommer- oder Winterschnitt herausgeschnitten. Steile Ständertriebe auf den Fruchtästen werden durch Sommerschnitt (Mitte August bis Mitte September) auf einen kurzen Zapfen mit zwei bis vier Knospen eingekürzt, bei zu dichtem Stand auch ganz herausgenommen. Der Zapfen bildet im nächsten Jahr kurze Triebe, die im übernächsten Jahr Früchte tragen werden.

Der Verjüngungsschnitt der Fruchtäste lehnt sich an den Schnitt bei der Apfelspindel an. Wegen des stärkeren Wachstums bei Zwetschen sollten Sie in den ersten drei bis vier Jahren bei Mitteltrieb und Fruchtästen auf den Umlenkschnitt verzichten. Entfernen Sie Wasserschosse entlang des Mitteltriebes.

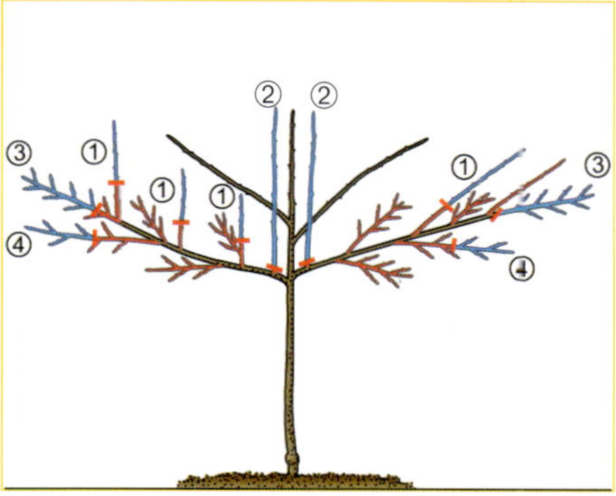

***Sommerschnitt:** Lange Ständertriebe (1) werden im August/September auf vier Knospen eingekürzt. Lange Ständertriebe am Mitteltrieb (2) werden bereits im Mai/Juni entfernt. Der Leittrieb (3) wird auf einen stammnäheren Seitentrieb oder kurzen Spieß um-gelenkt. Seitentriebe (4) werden auf kurze Spieße eingekürzt.*

Zwetschenfruchtast

Langtriebe entlang der Fruchtäste werden wie beschrieben durch Sommerschnitt eingekürzt. Nach drei bis vier Jahren werden die Fruchtäste leicht auf stammnähere Seitentriebe eingekürzt und der Mitteltrieb langsam etwas zurückgeholt. Entlang des Mitteltriebes entfernen Sie nur wenige, extrem stark gewordene Fruchtäste über Sommerschnitt und einen angemessen langen Zapfen. Das sorgt für eine bessere Baumgesundheit.

Frostrisse vermeiden

Wärmt die Sonne an Frosttagen im Januar, Februar oder März den dunklen Stamm auf der Südseite auf, bleibt er auf der Nordseite gefroren. Der Stamm spannt sich dadurch stark. Auf der Südseite entstehen Risse, in die Krankheiten leicht einwandern und den Baum in wenigen Jahren zum Absterben bringen können. Sie verhindern diese Frostrisse, in dem Sie den niederen Stamm und die Ansätze der Leitäste der Zwetschenbäume jährlich ab Januar mit Kalkbrühe oder lösungsmittelfreier Dispersionsfarbe weißen.
Die weiße Farbe reflektiert die Wärmestrahlen, der Stamm wärmt sich nicht auf und reißt auch nicht. Zwetschen sind für Frostrisse besonders anfällig. Sicher liegt es unter anderem auch darin begründet, dass sie früher als Apfel oder Birne blühen und auch entsprechend früher im Saft stehen.

Pflaumenfruchtast *mit Fruchtspießen und Fruchtruten*

Süßkirsche

▸ Pyramidenkrone

Pyramidenkronen von Süßkirschen (*Prunus avium*) werden auf Hoch-, Halb und Meterstämmen aufgebaut und wie Apfel und Zwetschenbäume erzogen. Süßkirschen tragen ihre Früchte nicht am einjährigen Langtrieb. Erst kurze Seiten- und Bukettriebe sind blühwillig und tragen Früchte.
Da die Süßkirsche eine unserer starkwüchsigsten Obstarten ist, dauert es bei Halb- und Hochstämmen mehrere Jahre, bis kurze Triebe entstehen, die Blüten und Früchte ansetzen. Bereitwillig bringen diese Fruchttriebe auch nach fünf bis sechs Jahren noch eine gute Fruchtqualität. Die Süßkirsche muss deshalb so gut wie nicht verjüngt werden und wird nach Abschluss der Erziehung kaum geschnitten.

***Alter Kirschbaum** mit Pyramidenkrone in voller Blüte*

***Rundkrone** eines Kirschbaumes mit zu dichter Krone*

Erziehungsschnitt Dem starken Wachstum wird auch beim Erziehungsschnitt Rechnung getragen. Werden die Leitäste und der Mitteltrieb zum Beispiel bei Apfel zur Stabilisierung und Stärkung über vier bis sechs Jahre regelmäßig eingekürzt, reichen bei Süßkirsche zwei bis drei Jahre.
Konkurrenztriebe der Leitäste und des Mitteltriebes werden wie bei Apfel jährlich entfernt. Die Süßkirsche hat eine sehr ausgeprägte Dominanz der Spitze. Bleiben Leitäste und Mitteltrieb ab dem dritten Jahr ungekürzt, wächst die Endknospe (Terminale) als Triebverlängerung sicher durch. Direkt unter der Terminalknospe stehen mehrere Knospen dicht gedrängt. Aus ihnen bildet sich der für die Süßkirsche typische Astquirl. In der Regel sind einige dieser neuen Triebe so steil, dass sie als Konkurrenztriebe zu entfernen sind. Die flachen, kürzeren Triebe des Quirls bleiben ungeschnitten und bilden das zukünftige Fruchtholz. Der oberste Trieb bildet immer die Triebverlängerung. Das Auflösen der Quirle in den Spitzen des Mitteltriebes, der Leittriebe sowie der starken Seitenäste der Leittriebe gibt der Krone einen lockeren

Süßkirschen *am Baum: 'Hedelfinger Riesenkirsche'*

Aufbau. So dringt auch im ausgewachsenen Baum ausreichend Licht ins Kroneninnere und lässt am alten Fruchtholz eine gute Fruchtqualität entstehen. Lösen Sie die Quirle über die nächsten zwei bis vier Jahre immer wieder auf. Entfernen Sie die Triebe bereits kurz nach der Blüte im Mai und Juni, so fördern Sie das Austreiben tiefer stehender Knospen. Diese sind flacher und bilden gutes Fruchtholz. Nach fünf bis sieben Jahren ist der Erziehungsschnitt der Süßkirsche abgeschlossen.

Die steilen Äste des Astquirls *werden bei Süßkirschen in der Erziehungsphase jährlich entfernt (blau). Die Triebverlängerungen und kurze Seitentriebe bleiben erhalten.*

Probleme mit Wunden Süßkirschen sind an Wunden extrem anfällig für Pilz- und Bakterienkrankheiten. Deshalb sollte ein mehrjähriger Ast nie ohne Zapfen aus dem Baum entfernt werden. Dieser ist durch kleinere Triebe lebendig zu halten. Ein Zapfen mit Trieben kann Krankheiten besser puffern als ein abgestorbener Zapfen.

▸ Hohl- und Tellerkrone

Hohlkronen und Tellerkronen sind für Süßkirschen ungeeignet. Wird der Mitteltrieb herausgenommen, ringen die darunter stehenden Leitäste um die Mitte und versuchen diese auszufüllen. Auch ältere Leitäste richten sich dabei auf und engen die Hohlkrone oder Tellerkrone zu einem schmalen Trichter ein. Die Belichtung des Kroneninneren reicht nicht aus. Die Leitäste werden steiler und stärker und die Erntezone verschiebt sich weiter in die Höhe.

▸ Spindel

Die Grundlagen zum Spindelbaum wurden auf den Seiten 46 ff. beschrieben. Bei Süßkirschen stehen erst seit 10 bis 15 Jahren mittelstark wachsende Unterlagen zur Verfügung, mit denen die Erziehung einer kleineren Krone Sinn macht. Im erwerbsmäßigen Süßkirschenanbau ist die Spindel die Baumform der Zukunft: Die Ernte ohne lange Leiter ist ungefährlicher, leichter und schneller. Die geringe Höhe ermöglicht es, die Bäume zu überdachen und so in Regenzeiten das Aufplatzen der Früchte zu verhindern. Diese Vorteile gelten auch im Hausgarten. Zudem braucht eine 3 bis 4 m hohe Kirschenspindel im Garten deutlich weniger Platz als eine 10 bis 15 m hohe Pyramidenkrone.

Schnitt Prinzipiell werden die Schnittmaßnahmen angewendet, die bei der Apfelspindel beschrieben wurden. Eigenarten der Süßkirsche verlangen jedoch kleine Änderungen. Durch ihre ausgeprägte Dominanz bildet die Spitze des Mitteltriebes jährlich einen Quirl mit relativ steilen Ästen. Lassen Sie den obersten Trieb als Stammverlängerung ungeschnitten und entfernen Sie die steilen Äste des Quirls bereits im Mai oder Juni im krautigen Zustand. Dadurch werden tiefer stehende Knospen zum Austrieb angeregt. In der Regel stehen diese Triebe dann flacher und entwickeln sich zu guten Gerüstästen der Spindel.

Zu starke Fruchtäste, die die schwachen unterdrücken, werden auch als mehrjährige über einen Zapfen von 5 bis 30 cm Länge entfernt. Zapfen halten den Mittelstamm gesund und puffern Krankheiten ab.

Schnittzeitpunkt Generell ist bei Süßkirschen wegen der Baumgesundheit zu empfehlen, alle notwendigen Schnitte von Mai bis Juni oder Mitte August bis Mitte September auszuführen.

Verkahlung Einige Kirschensorten, wie zum Beispiel 'Burlat', neigen zur Verkahlung, das heißt Langtriebe bilden kurze Bukettknospen, aber keine längeren Seitentriebe. Die Krone bleibt dann sehr locker und der Ertrag sehr gering. Machen Sie in diesem Fall als Gegenmaßnahme oberhalb einer Knospe einen Kerbschnitt, so staut sich der aufsteigende Saftstrom im Frühjahr und zwingt die Knospe zum sicheren Austrieb. Die Rinde muss bis auf den Holzkörper durchgeschnitten werden, der Rindenstreifen muss herausgelöst werden. Mit dieser kleinen Maßnahme können Sie an gezielten Stellen die Bildung von Seitentrieben verursachen.

***Zapfenschnitt** bei Süßkirsch-Spindelbaum: Zu starke Fruchtäste wurden am Mitteltrieb entfernt.*

***Falscher Schnitt:** Dieser Süßkirschbaum wurde weder als Spindel noch als Tellerkrone erzogen.*

Pfirsich, Nektarine, Sauerkirsche

Pfirsich, Sauerkirsche und Nektarine sind mittelstark wachsende Obstarten, die zu kleinkronigen Bäumen heranwachsen. Auf mittelstarken Unterlagen werden sie als Busch, Meterstamm oder Halbstamm angeboten. Sie können als Pyramiden-, Hohl- oder Tellerkrone erzogen werden und in rauen Lagen auch als Spalier, geschützt an Hauswänden. Die Hohlkrone ist für diese wärmeliebenden Obstarten eine bevorzugte Erziehungsform. Sie gewährleistet eine hohe Sonneneinstrahlung und gute Fruchtqualität. Bei der Tellerkrone sind die Leitäste etwas flacher; das nachfolgende Schnittprinzip gilt jedoch in gleichem Maße.

1. Jahr: *Starke Langtriebe (1) tragen Blüten- und Blattknospen.*

Umlenkschnitt: *Bis zu drei Viertel der einjährigen Langtriebe werden auf tiefer stehende, lange Seitentriebe umgelenkt. Die verbleibenden Langtriebe (1) tragen Früchte.*

▸ Früchte am Langtrieb

Pfirsich, Nektarine und Sauerkirsche nehmen innerhalb der Obstarten eine besondere Stellung ein. Sie fruchten nicht erst an kurzen Seitentrieben, sondern vor allem bereits am einjährigen Langtrieb von 40 bis 60 cm Länge. Langtriebe, die Früchte getragen haben, wachsen im folgenden Jahr in ihren Spitzenknospen weiter, der Rest des Triebes trägt weder Blatt- noch Blütenknospen und verkahlt. Bei Sauerkirschen sind die meterlangen, dünnen verkahlten „Peitschentriebe", die nur noch in den Spitzen Blätter und wenige Früchte tragen, besonders augenfällig. Werden Pfirsiche, Nektarinen und Sauerkirschen drei bis vier Jahre

Sauerkirschen an Zweig

2. Jahr: *Die obersten Knospen der Langtriebe treiben mehr oder weniger stark aus (2). Der Rest der Langtriebe (3) verkahlt und bildet weder Blatt- noch Blütenknospen.*

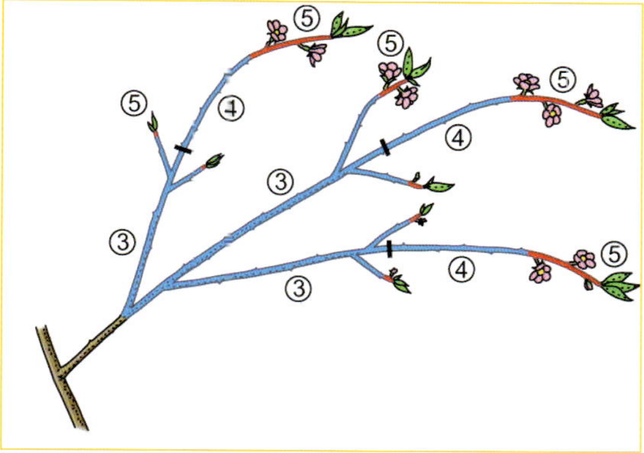

3. Jahr: *Die langen Triebe hängen stark durch (4). Der neue, mit Knospen besetzte Zuwachs wird immer kürzer (5); der verkahlte Anteil (3) von Jahr zu Jahr größer.*

nicht geschnitten, sind drei Viertel der Krone bereits vergreist.
Ziel ist, dass der Baum einerseits eine gute Ernte erbringt, andererseits aber auch neue, starke Langtriebe bildet, an denen die Ernte des nächsten Jahres wachsen kann. Beides erreichen Sie über einen Kompromiss: zwei Drittel bis drei Viertel der Anzahl der Langtriebe werden aus der Krone herausgeschnitten. Dadurch bekommt der Baum Energie für neues Triebwachstum. Das verbleibende Drittel oder Viertel der Langtriebe trägt Früchte.

▸ Pflanzschnitt

Als häufigste Baumform wird der Buschbaum (ca. 60 cm Stammlänge) oder der Meterstamm in den Baumschulen angeboten. Die jungen Bäume haben einen Mitteltrieb, von dem weihnachtsbaumartig viele Seitentriebe abgehen. Entfernen Sie bei der Pflanzung alle Seitentriebe, die unterhalb der Kniehöhe (ca. 60 cm) entspringen. In einer mittleren Höhe (bei Buschbäumen zwischen 60 cm und 100 cm – bei Meterstämmen zwischen 100 und 140 cm) wählen Sie drei bis vier starke Seitenäste als künftige Leitäste aus. Sie sollten in gutem Abstand um den Mitteltrieb verteilt stehen. Alle anderen Sei-

Fünfjähriger Sauerkirschbaum *vor dem Schnitt ...*

... und nach dem Schnitt

tentriebe werden aus der Krone herausgeschnitten. Die Mitte wird vier bis fünf Knospen über dem letzten Seitentrieb angeschnitten oder gekürzt. Sind die ausgewählten Leitäste länger als 30 cm, werden sie etwa ein Drittel eingekürzt. Leitäste und Mitteltrieb treiben jeweils mit drei bis vier starken Trieben aus.

Pflanzschnitt: *Bis auf Kniehöhe werden alle Triebe entfernt. Drei Leitäste wurden ausgewählt. Alle anderen Seitentriebe werden entfernt. Die Mitte wird vier bis fünf Knospen oberhalb des letzten Seitentriebes eingekürzt.*

▸ Erziehungs- und Erhaltungsschnitt

In den nächsten drei bis vier Jahren erfolgt der Aufbau- oder Erziehungsschnitt der Krone, der dann direkt in den Erhaltungsschnitt übergeht.

Erziehungsschnitt Bei Apfel und Birne wurden die Konkurrenzäste von Leitästen und Mitteltrieb herausgeschnitten und ihr Jahreszuwachs in den Triebspitzen ungefähr um ein Drittel eingekürzt. Kurze Seitentriebe blieben als zukünftiges Fruchtholz ungeschnitten.

Da wir bei Pfirsich, Nektarine und Sauerkirsche als Fruchtholz keine kurzen Seitentriebe, sondern lange Triebe erzielen wollen, muss das Wachstum durch einen stärkeren Schnitt deutlicher angeregt werden. Dazu kürzen Sie Leittriebe und Mitteltrieb um zwei Drittel bis drei Viertel ein, in dem Sie auf tiefer stehende, stammnähere Seitentriebe umlenken. Aus dem verbleibenden Leitaststück erwachsen neue starke Jahrestriebe.

Im gleichen Sinne schneiden Sie in den nächsten Jahren auch Seitentriebe der Leitäste immer wieder auf ein bis zwei Langtriebe zurück. Durch den regelmäßigen, starken Rückschnitt regeneriert der Baum von innen heraus mit starken Trieben. Im zweiten Jahr beziehen Sie vom Mitteltrieb noch ein, zwei flachere Leitäste als dauerhafte Gerüstäste in die Krone ein. Im dritten Jahr wird die kleine Pyramidenkrone zur Hohlkrone geschnitten, indem Sie den Mitteltrieb am obersten Leitast entfernen. Regelmäßig geschnittene Kronen bleiben klein und kompakt.

Erhaltungsschnitt Bei Apfel und Birne gibt es Fruchtholz zwischen 2 und 30 cm Länge, das sich mehrjährig verzweigen darf und im Erhaltungsschnitt mäßig verjüngt wird. Bei Pfirsich, Nektarine und Sauerkirsche wird so stark zurückgeschnitten, dass das Fruchtholz

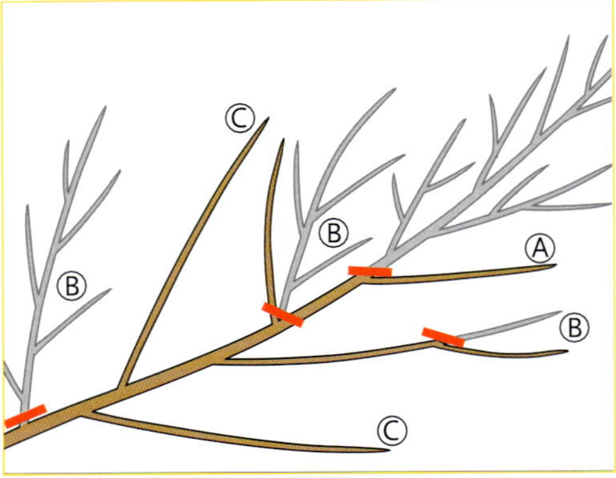

Schnittprinzip bei Pfirsich*, Nektarine und Sauerkirsche: Leitäste werden regelmäßig auf einen stammnahen, langen Seitentrieb (A) umgelenkt. Verzweigte Seitentriebe werden ebenfalls auf den tiefsten Seitentrieb (B) eingekürzt. Lange Seitentriebe (C) bilden das Fruchtholz.*

Pfirsichfrüchte *am Baum*

***Leitäste** (A) und Mitte treiben mit starken Trieben aus.*

ständig nur aus einjährigen, langen Seitentrieben besteht und die Verjüngung im eigentlichen Sinne entfällt.

Ausnahmen gibt es bei Sauerkirschen. Bei einigen Sorten ist die Verkahlung nicht so stark ausgeprägt. Sie tragen auch Früchte an den kurzen Seitentrieben, also auch am mehrjährigen Holz. Der Schnitt ist dann stärker als beim Apfel, aber weniger stark ausgeprägt als bei der Kirschsorte 'Schattenmorelle', die stark zum Verkahlen neigt.

Schnittzeitpunkt Schneiden Sie am besten im Februar oder März nach allen starken Frösten, direkt während der Blüte oder nach der Ernte im Sommer.

Triebvielfalt bei Pfirsich

Beim Pfirsich müssen wir drei verschiedene Triebarten unterscheiden.

1. Der wahre Fruchttrieb Er hat dreifache Knospen. Zwischen zwei Blattknospen sitzt eine Blütenknospe. Das sind die eigentlichen, fruchttragenden Zweige.

2. Der falsche Fruchttrieb Er trägt ausschließlich Blütenknospen. Die ansetzenden Früchte können ohne Blätter nicht ernährt werden. Falsche Fruchttriebe werden auf eine grundständige Holzknospe eingekürzt.

3. Der Holztrieb Er trägt ausschließlich Blattknospen und bringt deshalb keinen Fruchtertrag.

Blühender Pfirsichbaum

Holztriebe werden auf zwei bis drei Knospen zurückgeschnitten, sofern man sie nicht für den Aufbau der Krone benötigt.

Sind Sie unsicher, die verschiedenen Triebe zu erkennen, schneiden Sie Pfirsichbäume in der Blütezeit. Dann können Sie die echten Fruchttriebe gezielt auswählen und erhalten.

***Innerhalb der Leitäste** und deren Seitenäste wird jährlich stark zurückgeschnitten und auf tiefer stehende Seitentriebe umgelenkt.*

***Wenige einjährige**, lange Seitentriebe stehen nach dem Schnitt locker in der Baumkrone verteilt und werden von allen Seiten besonnt.*

Aprikose

Die Aprikosen werden beim Schneiden oft mit Pfirsichen oder Nektarinen gleichgestellt. Sie fruchten zwar auch an einjährigen Langtrieben, die besten Früchte wachsen aber an kurzen, einjährigen Seitentrieben. An älteren, verzweigten Seitentrieben (Fruchtholz) werden die Früchte schnell kleiner. Deshalb muss das Fruchtholz regelmäßig verjüngt werden. Was den Schnitt betrifft, stehen Aprikosen also zwischen Pfirsichen (Früchte am Langtrieb) und Süßkirschen (Früchte nur am Kurztrieb und an altem, verzweigtem, quirlartigem Fruchtholz).
Als Kronenform wird für die besonders wärmeliebende Obstart gern die Hohlkrone, besser noch das Spalier an einer geschützten Wand gewählt.

TIPP **Achten Sie bei der Pflanzung von Aprikosen darauf, dass diese ein ähnlich warmes Klima wie Pfirsiche bevorzugen.**

Hohlkrone

Aprikosen (*Prunus armeniaca*) sind in der Jugendphase relativ starkwüchsig. Leittriebe bilden gerne starke und lange Seitentriebe. Ein etwas zu starker Schnitt wird ebenfalls mit langen Trieben beantwortet und geht auf Kosten von kurzen Seitentrieben, die besser Früchte tragen würden. Ziel ist, in den ersten Jahren das Wachstum zu bremsen, indem man den Fruchtansatz beschleunigt und fördert. Belassen Sie in den ersten Jahren deshalb auch Langtriebe im Baum, die nicht in das Idealbild der regelmäßigen Hohlkrone hineinpassen. Diese Langtriebe bilden kurze Seitentriebe, die ein Jahr später Früchte bringen und das Triebwachstum bremsen. Zwei bis drei Jahre später, wenn in der Krone mehr Fruchtholz angelegt ist, können diese unpassenden Triebe wieder entfernt werden. Beim regelmäßigen Erhaltungsschnitt werden die Leitäste und deren Seitentriebe weniger stark eingekürzt, als das bei Pfirsich geschieht.

Aprikosenfrüchte *der Sorte 'Nancy'*

Aprikose *'Ungarische Beste' in Blüte*

Fächerspalier

Die Aprikose ist in der Jugendphase sehr starkwüchsig und ihr Holz generell sehr brüchig. Zudem ist die Dominanz der Spitze bei Steinobst allgemein sehr ausgeprägt. Bei strengen Erziehungsformen, wie der U-Form oder dem waagrechten Kordon, brechen Triebe der Aprikose leicht aus und waagrecht geführte Astpartien verkahlen zu schnell. Als Spalier hat sich deshalb die einfache Fächerform oder das formlose Spalier am besten bewährt: Einjährige Langtriebe werden wenig geordnet, aber mit ausreichend Abstand zueinander, an ein Gerüst angebunden. Ein Jahr später sind die Langtriebe mit kurzen Seitentrieben besetzt. Gleichzeitig wachsen neue Langtriebe

Aprikosenspalier *an Hauswand*

nach. Im dritten Jahr blühen die kurzen Seitentriebe und tragen Früchte, die Langtriebe bilden kurze Seitentriebe. Im vierten Jahr werden abgeerntete Triebe auf einjährige, längere Seitentriebe umgelenkt und verjüngt. Die zweijährigen und einjährigen Triebe bringen Früchte.

Schnittzeitpunkt Da das Aprikosenholz anfällig für Krankheiten ist, sollte ausschließlich in der Wachstumszeit geschnitten werden. Gute Zeiten sind Mitte April bis Mitte Juni oder Ende August bis Mitte September.

TIPP

Aprikosenbäume eignen sich hervorragend zum Aufbau eines Fächerspaliers an warmen Südwänden. Sorgen Sie für eine ausreichende Bodenfeuchtigkeit, falls der Baum unter einem Dachvorsprung steht.

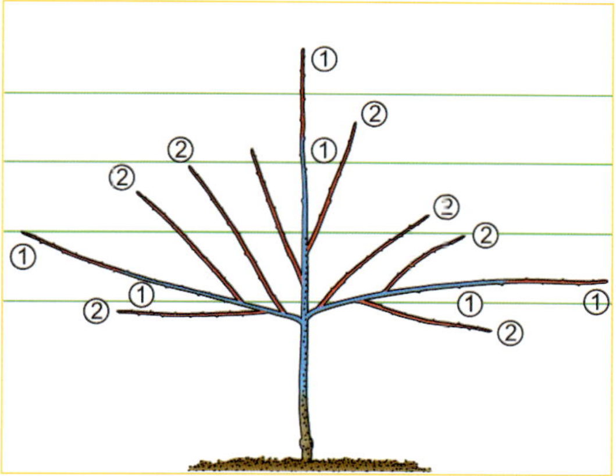

Fächerspalier: *Die langen Seitentriebe (2) der Leitäste (1) werden fächerförmig an ein Gerüst angebunden.*

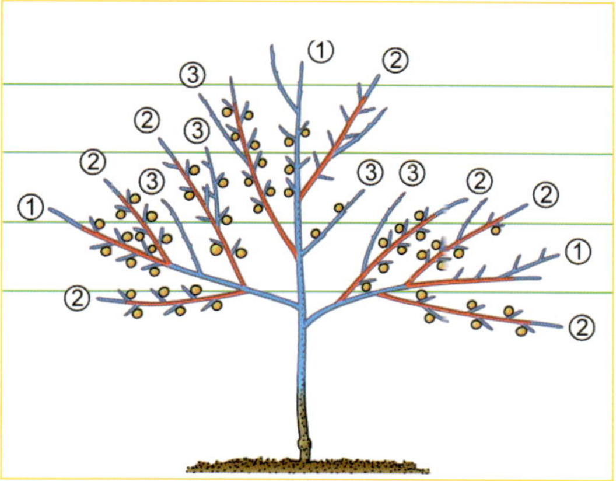

Im zweiten Jahr *bilden die langen Seitentriebe (2) kurze Spieße. Im dritten Jahr tragen diese Spieße Früchte. Gleichzeitig wachsen längere Seitentriebe (3) nach.*

Leitäste *(1) und Seitenäste (2) werden eingekürzt, indem sie auf neue, längere Seitentriebe (3) umgelenkt werden.*

Himbeeren, *Johannisbeeren und Heidelbeeren bereichern jeden Obstgarten.*

Beerenobst

Erziehungsformen

Bei Beerenobst sind vielfältige Erziehungsformen verbreitet. Johannisbeeren und Stachelbeeren werden im Hausgarten als Sträucher erzogen. Stämmchen werden eher selten gepflanzt. Sie erleichtern zwar die Erntearbeit, sind aber nicht so vital und langlebig wie der Strauch, der sich leicht aus neuen Bodentrieben verjüngen kann.
Der Erwerbsanbau baut Rote und Weiße Johannisbeeren sowie Stachelbeeren in der intensivsten Form, dem Spalier, an. Schwarze Johannisbeeren und Jostabeeren (Kreuzung aus Stachelbeere und Schwarzer Johannisbeere) werden wegen ihrer Starkwüchsigkeit generell als Busch erzogen.
Alle Pflanzen, die für Strauch- oder Spaliererziehung vorgesehen sind, werden wurzelecht über Steckhölzer vermehrt. Ihr Wachstum ist der direkte Ausdruck der Wuchskraft der Sorte. Fuß-, Halb- und Hochstämmchen sind durch Kopulation auf Goldjohannisbeere (*Ribes aureum*) veredelt. Die Unterlage verhält sich jedoch wuchsneutral, das heißt sie bremst oder verstärkt den Wuchs nicht.
Aufbau Ein ausgewachsener Beerenstrauch baut sich aus zehn bis zwölf Grundtrieben auf, die im Idealfall ein-, zwei- und dreijährig sind und regelmäßig erneuert werden.
Ein Spalier können Sie ein- bis fünftriebig erziehen, wobei die dreitriebige Erziehung am meisten verbreitet ist. Die Haupttriebe werden bis auf eine Höhe von 150 bis 170 cm erzogen und sollten über die ganze Länge gleichmäßig mit Seitentrieben besetzt sein.
Bei Stämmchen können Sie unter Fuß- (40 bis 60 cm Stammlänge),

Eintriebige Spindelerziehung *mit einjährigen Seitentrieben als Fruchtholz*

Halb- (80 bis 100 cm) und Hochstämmchen (120 cm) wählen. Die Veredlungsstelle liegt direkt unterhalb der Krone. Die Krone wird aus einem Mitteltrieb und drei bis fünf Leitästen gebildet.

Pflanzung Johannisbeer- und Stachelbeersträucher sollten ungefähr 10 cm tiefer gepflanzt werden, als sie in der Baumschule standen. An den Triebstücken im Boden bilden sich verstärkt Wurzeln und leichter neue Bodentriebe. Stämmchen pflanzen Sie so tief, wie sie auch in der Baumschule standen. Alle Strauchbeerenarten, mit Ausnahme von starkwüchsigen Brombeeren, vertragen kaum Wurzelkonkurrenz. Der Boden sollte deshalb im Kronenbereich nicht bewachsen sein. Halten Sie ihn offen oder mulchen Sie.

▸ Pflanzqualität und Pflanzschnitt

Sträucher und Spaliere Für die Strauch- und Spaliererziehung können Sie die gleiche Qualität pflanzen. Wählen Sie eine Pflanze mit mindestens vier bis fünf starken, aufrechten, 60 bis 80 cm langen Trieben.

Für die Straucherziehung schneiden Sie nach dem Pflanzen alle schwachen und flach liegenden Triebe bodeneben ab. Die verbleibenden vier bis fünf Triebe werden um ein Drittel bis zur Hälfte eingekürzt. Zur Erziehung eines Spaliers reduzieren Sie die verbleibenden, starken Triebe auf die gewünschte Anzahl, meist ein bis fünf zukünftige Gerüstäste.

***Pflanzschnitt:** Die stärksten Triebe bleiben erhalten.*

Stämmchen Bei der Pflanzung von Stämmchen entfernen Sie alle schwachen und sehr flachen Triebe der Krone. Es verbleibt ein starker Mitteltrieb, der von drei bis fünf mittelstarken bis starken Gerüstästen gleichmäßig umstellt ist. Sind diese Äste länger als 35 bis 40 cm, werden sie um ein Viertel bis ein Drittel gekürzt. Damit erreichen Sie, dass nicht nur in der Triebspitze, sondern über die gesamte Länge Seitentriebe gebildet werden. Stämmchen brauchen lebenslänglich einen Stützpfahl, der unterhalb der Krone enden soll.

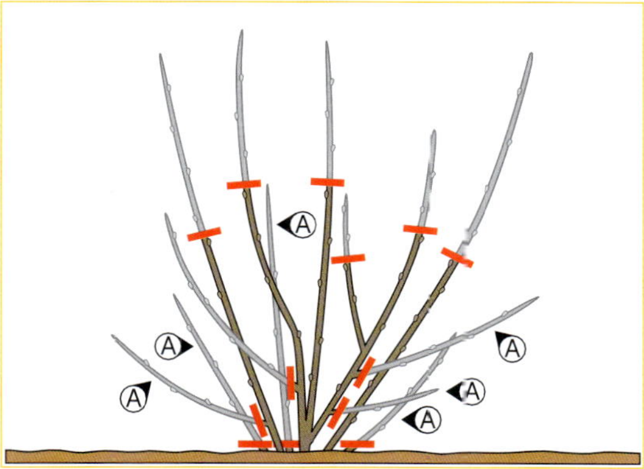

***Pflanzschnitt für Sträucher:** Alle schwachen und flachen Triebe (A) werden bodeneben abgeschnitten. Die verbleibenden Haupttriebe werden um ein Drittel bis zur Hälfte gekürzt.*

Rote und Weiße Johannisbeere und Stachelbeere

Johannisbeeren (*Ribes rubrum*) bevorzugen einen sonnigen und windgeschützten Platz im Garten. Der Boden sollte humus- und nährstoffreich sein und über eine ausreichende Bodenfeuchtigkeit verfügen. Meiden Sie spätfrostgefährdete Lagen. Entscheiden Sie sich bei einer Neupflanzung für einen Platz, an dem vorher noch keine Johannisbeere stand, um Krankheiten vorzubeugen, die im Boden überdauern. Stachelbeeren (*Ribes uva-crispa*) lieben nährstoffreiche, sonnige bis halbschattige Lagen und wachsen gut zwischen Obstbäumen. Es gibt grüne, gelbe und rotschalige Sorten, mit glattschaligen oder behaarten Beeren.

***Voller, gesunder** Stachelbeerbehang an Seitentrieben*

***Ein überalterter, zu dichter Johannisbeerstrauch:** Es wurden keine alten Triebe entfernt, so dass auch junge Bodentriebe fehlen.*

▸ Sträucher

Der Vorteil von Sträuchern gegenüber Stämmchen ist, dass sie mehr Ertrag bringen und ein höheres Alter erreichen.

Aufbauschnitt Ziel ist, die Sträucher innerhalb von vier bis fünf Jahren so aufzubauen, dass sie zehn bis zwölf Leittriebe haben. Diese sind unterschiedlich alt: drei bis vier sind einjährig, drei bis vier zweijährig und der Rest dreijährig. Die zwei- und dreijährigen tragen die Früchte. Ein Jahr nach dem Pflanzschnitt haben die eingekürz-

TIPP

Eine Mulchschicht aus angetrocknetem Rasenschnitt oder grobem Kompost hält den Wurzelbereich der Sträucher gleichmäßig feucht. Bei trockener Witterung während der Fruchtbildung sollten Sie zusätzlich gießen.

ten Leitäste stark ausgetrieben. Entsprechend der Wachstumsgesetze sind die Austriebe in der Spitze stark und steil, die tiefer stehenden flacher und kürzer.
Entfernen Sie ein bis zwei steile Konkurrenzäste in der Spitze, damit die Krone nach oben offen bleibt und genügend Licht einfällt. Schneiden Sie anschließend die kurzen Seitentriebe heraus, die aus den unteren 30 bis 40 cm der Leittriebe erwachsen. Diese stehen zu sehr im Schatten und sind für den Fruchtertrag unbedeutend.
Die verbleibenden Seitentriebe tragen im kommenden Sommer ihre ersten Früchte. Außer den Seitentrieben sind neue, unverzweigte Langtriebe aus dem Boden nachgewachsen. Von diesen werden wieder die schwachen und zu flach stehenden entfernt. Die stärksten zwei bis vier werden als Leitäste in die Strauchkrone einbezogen und bleiben ungeschnitten.
Diese Schnittmaßnahmen werden die nächsten zwei Jahre wiederholt: 1. Auswahl guter starker neuer Bodentriebe. 2. Herausnehmen der Konkurrenzäste der Leittriebe. 3. Entfernen aller Seitentriebe unterhalb 30 bis 40 cm. Der Strauch hat mit zehn bis zwölf Leitästen den gewünschten Umfang erreicht. Bei schwachem Wachstum kann der Aufbau auch ein bis zwei Jahre länger gehen. Im Idealfall sind jetzt je ein Drittel der Bodentriebe ein, zwei und drei Jahre alt. Diese Altersverteilung soll durch zukünftige Schnittmaßnahmen erhalten bleiben.
Die zwei und dreijährigen Leitäste tragen an ihren Seitentrieben Früchte. Die einjährigen, langen Bodentriebe sind ohne Fruchtertrag.

Volle Johannisbeertrauben: *An altem Fruchtholz verrieseln die Trauben leichter.*

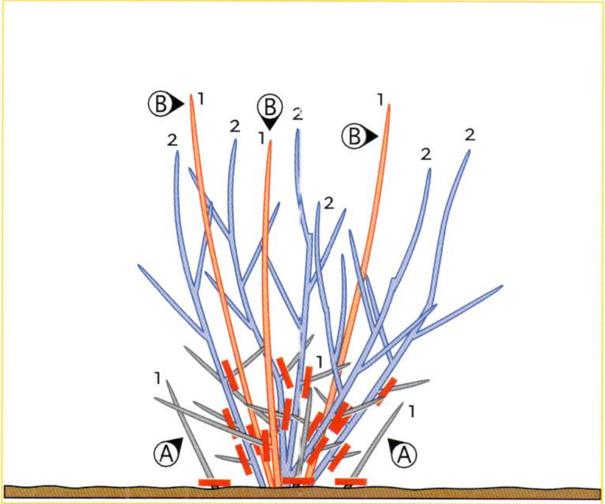

Rückschnitt im ersten Jahr: *Schwache, einjährige Triebe (1 A) werden entfernt. Starke einjährige Langtriebe (1 B) werden als Leitäste in die Krone aufgenommen und bleiben ungeschnitten. Unterhalb von 30 bis 40 cm werden an zweijährigen Leitästen alle Seitentriebe herausgeschnitten.*

TIPP

Ein Beerenstrauch sollte so locker aufgebaut und erzogen werden, dass in das Innere Licht einfällt und man ihn leicht beernten kann.

Erhaltungsschnitt Da bei Roten und Weißen Johannisbeeren sowie Stachelbeeren die besten Beeren an einjährigen Seitentrieben wachsen, sollten Sie beim Erhaltungsschnitt vor allem diese Triebe fördern. Dazu folgen Sie beim jährlichen Schneiden drei Grundschritten:

1. Alte Leittriebe aus dem Strauch entfernen: Ab dem vierten bis fünften Standjahr entfernen Sie jährlich ein bis zwei alte Leitäste. Dadurch bleibt die Krone luft- und lichtdurchlässig, und es wachsen regelmäßig starke, junge Triebe aus dem Wurzelstock nach. Lassen Sie beim Rückschnitt der alten Triebe keine Stummel stehen. Sie sterben ab und können Quelle für Pilzkrankheiten sein.
2. Junge Leittriebe auswählen: Ein vitaler Strauch bringt jährlich zahlreiche neue Triebe. Bleiben alle erhalten, würde der Strauch schnell

Rotfrüchtige Stachelbeeren

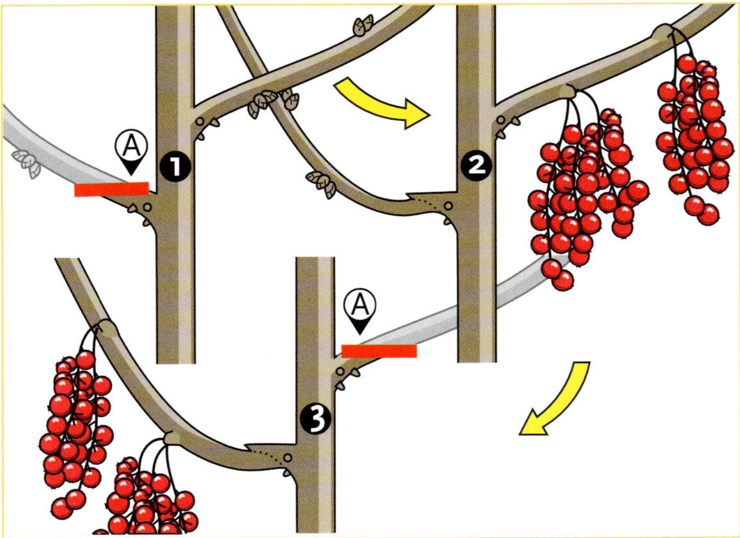

Bei zu dicht stehenden Seitentrieben *wird jeder zweite schräg auf einen 1 cm langen Zapfen (1 A) geschnitten. Aus den Zapfen entstehen Triebe (2), die im nächste Jahr fruchten. Die ungeschnittenen Triebe (3) tragen in diesem Jahr Früchte und werden anschließend auf Zapfen geschnitten. Entlang des Leitastes wechseln fruchtende und nachwachsende Seitentriebe jährlich ab.*

zu dicht und die Fruchtqualität würde sehr leiden. Erhalten Sie die drei bis vier besten Jahrestriebe, die möglichst gleichmäßig im Strauch verteilt stehen. Bei sehr schwach wachsenden Sorten kürzen Sie diese Triebe um ein Drittel ein. Das sichert ausreichende Seitentriebe. Alle anderen neuen Bodentriebe schneiden Sie bodeneben ab.

3. Auslichten und Einkürzen der Seitentriebe: Haben die Seitentriebe (Fruchtholz) weniger als 8 bis 10 cm Abstand, lichten Sie aus. Schneiden Sie jeden zweiten auf einen 1 bis 2 cm langen Zapfen mit drei Knospen zurück. Aus den Zapfen treiben in diesem Jahr neue Seitentriebe, die im nächsten Jahr Früchte tragen. Die ungeschnittenen Seitentriebe tragen in diesem Jahr Früchte und werden im nächsten Frühjahr auf Zapfen geschnitten. So wechseln entlang des Leittriebes die fruchttragenden und neu zuwachsenden Seitentriebe jährlich ab.

Bildet der Strauch nicht genügend neue Bodentriebe und werden die Früchte immer kleiner, haben Sie zu schwach geschnitten. Dann muss mehr Fruchtholz entfernt werden.

TIPP

Bei Johannisbeersträuchern entfernt man altes, abgetragenes Holz am besten gleich nach der Ernte – das fördert die Entwicklung der neuen Knospen. Die anderen Schnittmaßnahmen führt man im Frühjahr (März) durch, wenn keine schweren Fröste mehr erwartet werden. Stachelbeersträucher schneidet man zwischen Ende November und Anfang März.

Die Schnittmaßnahmen führen Sie am besten im März, nach den starken Frösten, durch.

Starke Verjüngung Wurde ein Strauch über Jahre nicht geschnitten, kann er 30 bis 40 Bodentriebe oder Leittriebe aufweisen. Verteilen Sie die notwendigen Schnittmaßnahmen über drei Jahre. Entfernen Sie jährlich ein Drittel der alten Leittriebe und behandeln Sie die nachwachsenden Bodentriebe wie im Erhaltungsschnitt. Nach drei Jahren sind alle überalterten Triebe in junge umgebaut. Treiben nach dem Rückschnitt wenig Bodentriebe, häufeln Sie den Strauch 20 bis 30 cm hoch mit Gartenboden an. Das erleichtert die Triebbildung. Führt auch das nicht zum Erfolg, ist der Wurzelstock nicht mehr vital genug und Sie können den Strauch roden.

Roter Johannisbeerstrauch *vor dem Auslichten …*

… und nach dem Auslichten

Johannisbeeren am Spalier

▸ Spalier

Spaliere können aus ein bis fünf Leitästen aufgebaut werden. Als Beispiel wählen wir ein Spalier mit drei Grund- oder Leitästen. Ziel ist, die Leittriebe an einem Drahtgerüst auf etwa 1,70 m Höhe zu ziehen und über die gesamte Länge einjährige, fruchttragende Seitentriebe von 10 bis 30 cm Länge zu erhalten. In zwei bis drei Jahren ist die Erziehung des Spaliers abgeschlossen.

Pflanzschnitt Vor dem Pflanzen erstellen Sie ein Drahtgerüst. Spanndrähte laufen auf 0,60 m, 0,90 m, 1,20 m und 1,50 m Höhe. Zur Pflanzung bleiben von einem Strauch mit fünf bis sieben Trieben die drei stärksten Triebe ungeschnitten stehen. Alle anderen werden bodeneben entfernt. Um Längenwachstum und Seitenverzweigung anzuregen, werden diese drei nach dem Pflanzen um ein Drittel bis zur Hälfte eingekürzt.

Aufbauschnitt Im Jahr nach dem Pflanzschnitt (zweiter Winter) haben die eingekürzten Leitäste

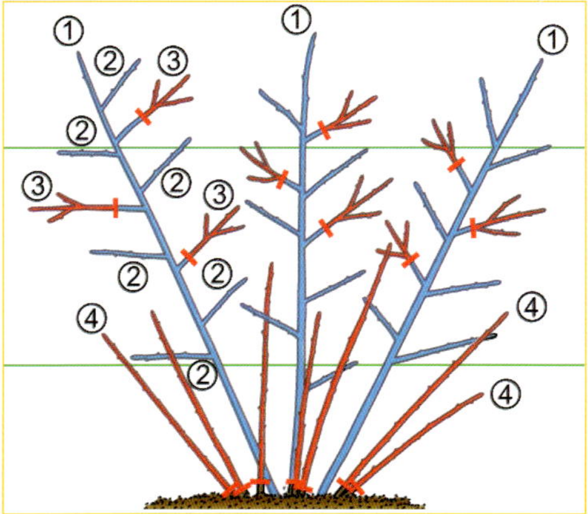

Johannisbeerspalier: *Die Leittriebe (1) haben sechs bis acht einjährige Seitentriebe (2), die die kommende Ernte tragen. Die zweijährigen Seitentriebe (3) werden im Frühjahr auf Stummel eingekürzt. Diese bringen neue einjährige Seitentreibe hervor und tragen im nächsten Jahr Früchte. Alle Bodentriebe (4) werden entfernt.*

stark ausgetrieben. Entsprechend den Wachstumsgesetze sind die Austriebe in der Spitze stark und steil, die tiefer stehenden flacher und kürzer. Steile Konkurrenzäste der Spitze der Leitäste werden entfernt. Damit fällt genügend Licht in die Krone ein. Anschließend entfernen Sie die kurzen Seitentriebe, die aus den unteren 30 bis 40 cm der Leittriebe erwachsen. Diese stehen zu sehr im Schatten. Es reicht, wenn im zweiten Winter zwei bis drei Seitentriebe pro Leitast stehen bleiben. Neue, unverzweigte Bodentriebe werden bodeneben abgeschnitten. Die Seitentriebe tragen im kommenden Frühjahr und Sommer Blüten und Früchte. Im dritten Winter bleiben jeweils vier Seitentriebe pro Leitast stehen. Die zweijährigen Seitentriebe, die im Sommer Früchte hatten, werden auf Stummel mit ein bis zwei Knospen eingekürzt. Aus ihnen wachsen in diesem Jahr einjährige Seitentriebe, die im nächsten Jahr wieder Früchte tragen.
Diese Schnittmaßnahmen wiederholen sich in den nächsten Jahren: 1. Alle neu zugewachsenen Bodentriebe entfernen. 2. Seitentriebe im unteren Bereich der Leitäste entfernen. 3. Alle zweijährigen Seitentriebe, die im Sommer Früchte getragen haben, auf Stummel einkürzen. 4. Schneiden Sie die Konkurrenzäste der Spitze heraus und kürzen Sie den Mitteltrieb wieder ein. Nach spätestens drei Jahren hat der Leittrieb die gewünschte Höhe erreicht und ist auf ganzer Länge mit sechs bis acht guten, einjährigen Seitentrieben besetzt. Einjährige Seitentriebe tragen bei Stachelbeeren und Roten und Weißen Johannisbeeren gegenüber mehrjährigen die besseren Beeren.

Erhaltungsschnitt Die ständige Verjüngung der Seitentriebe wird wie beim Aufbauschnitt fortgesetzt. Ab dem fünften Standjahr können Sie beginnen, auch alte Leitäste auszutauschen. Lassen Sie ein Jahr zuvor von allen neuen Bodentrieben einen guten, langen stehen. Im nächsten Jahr schneiden Sie einen der alten Leittriebe bodeneben ab und heften den neuen an seiner Stelle am Drahtgerüst an. Auf diese Weise erneuern Sie in den nächsten drei bis vier Jahren auch die beiden anderen alten Leitäste.

Stachelbeere am Spalier *mit Fruchttrieb und neuen Seitentrieben*

Johannisbeerspalier *mit drei Trieben und Fruchtholz*

Johannisbeerspalier *mit drei Trieben und Fruchtbehang*

Hochstämmchen

Die Krone eines Beerenstämmchens entspricht vom Prinzip einer Pyramidenkrone in Kleinformat: Ein Mitteltrieb ist von drei bis fünf Leitästen gleichmäßig in 45 bis 90°- Winkeln umgeben. Diese Leitäste bilden das Grundgerüst der Krone und bleiben auf Jahre erhalten. An diesem Gerüst wird auch das Fruchtholz erzogen. Stämmchen sind auf einen regelmäßigen Schnitt angewiesen. Bleibt dieser aus, verläuft die Kronenentwicklung unharmonisch, die Leitäste werden immer länger, die Krone zu schwer und bricht leicht auseinander.

***Sommer im Obstgarten:** Johannisbeerhochstämmchen mit Früchten*

TIPP

Beerenhochstämmchen erleichtern sowohl Ernte als auch Schnitt und nehmen weniger Platz in Anspruch als Sträucher.

Pflanzschnitt Nach dem Pflanzen werden alle Triebe, die für das Grundgerüst nicht verwendet werden, ganz herausgeschnitten. Sind Mittelast und die Leitäste länger als 30 cm, werden sie etwa ein Drittel gekürzt. Gemäß den Wachstumsgesetzen wachsen Seitentriebe aus, die den Freiraum zwischen den Leitästen ausfüllen.

Aufbauschnitt Ein Jahr nach dem Pflanzen werden die Leitäste bereits eingekürzt, indem sie auf einen der nächsten Seitentriebe umgelenkt werd. Alle Seitentriebe bleiben ungeschnitten, tragen Früchte und verzweigen sich. Stehen Seitentriebe zu dicht oder sind sie zu lang, werden sie, wie beim Spalier beschrieben, über Zapfenschnitt eingekürzt.

Im zweiten Standjahr werden die Leitäste einschließlich Mittelast durch Umlenken auf einen Seitentrieb wieder leicht zurückgenommen. Neue Jahrestriebe, die aus dem Zentrum der Krone wachsen, werden herausgeschnitten. Da auch der Raum zwischen den Leitästen sehr begrenzt ist, beginnen Sie die inzwischen weiter verzweigten Seitentriebe auf die gleiche Weise durch Umlenken einzukürzen.

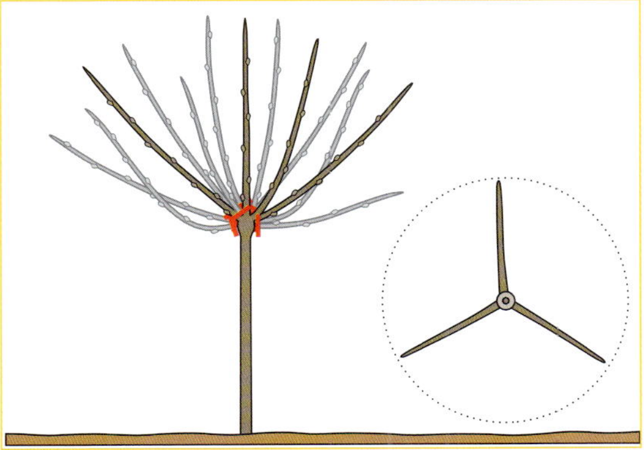

__Pflanzschnitt:__ Ein Mittelast und drei bis fünf Leitäste bilden das dauerhafte Gerüst. Sind sie länger als 30 cm, werden sie ein Drittel gekürzt. Alle anderen Triebe werden herausgeschnitten.

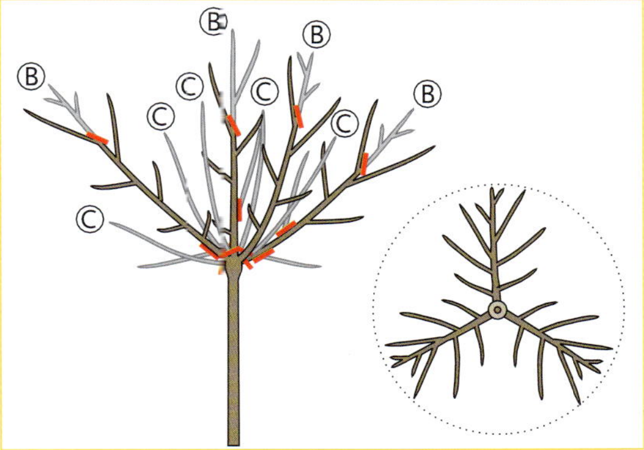

__Rückschnitt im ersten Jahr:__ Die Leittriebe (B) werden auf passende Seitentriebe leicht eingekürzt. Neue Jahrestriebe (C), die sich stammnah bilden, werden herausgeschnitten. Zu dicht stehende Seitentriebe werden ausgelichtet.

Verjüngungsschnitt In einer älteren Krone kann alle zwei bis drei Jahre ein alter Leitast durch einen neuen Jahrestrieb ersetzt werden. Dieser Trieb wird in der gleichen Weise aufgebaut wie ursprünglich der einjährige Leittrieb in der jungen Krone. Auch für Stämmchen gilt: Mehrjährige Seitentriebe (Fruchtholz) tragen kleinere Beerentrauben, die auch leichter verrieseln. Ersetzen Sie deshalb möglichst oft mehrjähriges durch einjähriges Fruchtholz.

TIPP

Beerenstämmchen sollten lebenslänglich an einen Pfahl gebunden sein, der unter der Krone endet. Pfähle aus Robinienholz halten am längsten.

***Stachelbeerstämmchen** vor dem Schnitt ...*

... und nach dem Schnitt

***Schwarze Johannisbeere** am einjährigen Langtrieb*

Schwarze Johannisbeere

Schwarze Johannisbeeren (*Ribes nigrum*) gedeihen am besten auf feuchtem, nährstoffreichem Boden in sonnigen, wind- und frostgeschützten Lagen.

▸ Sträucher

Schwarze Johannisbeeren bilden unter den Beeren die Ausnahme. Sie tragen ihre besten Früchte, ähnlich wie Sauerkirschen und Pfirsiche, an einjährigen Langtrieben oder starken, einjährigen Seitentrieben. Ohne Rückschnitt würden alte Triebe schnell verkahlen und der Strauch nach wenigen Jahren vergreisen. Ein regelmäßig Schnitt muss also das Wachstum neuer, möglichst langer Triebe fördern. Schwarze Johannisbeeren sind von Natur aus starkwüchsig und zeigen im Wachstum auch wenig Sortenunterschiede. Alle Schnittarbeiten werden am besten im März nach allen starken Frösten durchgeführt. Nach vier bis fünf Jahren haben sie mit acht bis zwölf Haupttrieben ihre volle Strauchgröße erreicht.

Pflanzschnitt Pflanzen Sie einen Strauch mit mindestens fünf bis sieben starken Trieben. Danach wählen Sie die drei bis vier besten aus und kürzen diese um die Hälfte bis zwei Drittel ein. Alle anderen werden bodeneben abgeschnitten.

***Junger Schwarzer Johannisbeerstrauch** mit einjährigen Langtrieben*

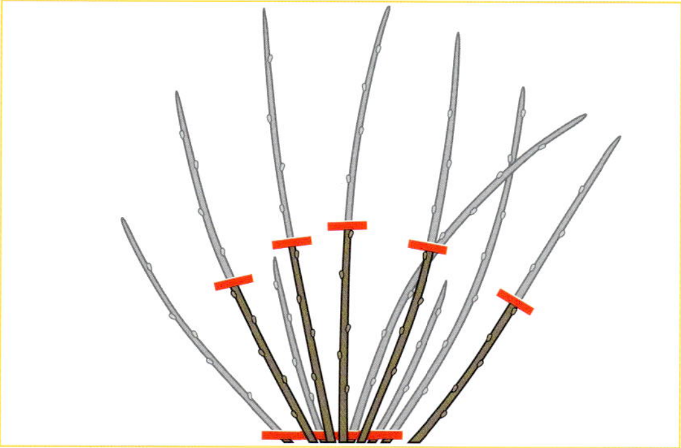

***Pflanzschnitt:** Die besten vier bis sechs Triebe werden als Leitäste ausgewählt und um mindestens die Hälfte eingekürzt. Alle anderen Triebe werden bodeneben abgeschnitten.*

***Achten Sie bei der Pflanzung darauf**, dass der Ansatz der Triebe im Boden sitzt. Der starke Rückschnitt der Schwarzen Johannisbeere bewirkt einen starken Austrieb der vorhandenen Leitäste sowie neuer Bodentriebe.*

TIPP

Schwarze Johannisbeeren sind selbstfruchtbar. Ihr Ertrag verbessert sich aber deutlich, wenn eine zweite, andere Sorte in der Nähe steht. Die einzelne Beere wird größer und die Traube kann etwas länger werden.

Die stark zurückgeschnittenen Leittriebe bilden über den Sommer mehrere starke Jahrestriebe.

Aufbauschnitt Im nächsten März wird jeder Leittrieb auf die zwei bis drei untersten, starken Seitentriebe, die so genannten Basistriebe, umgelenkt. Schwache Seitentriebe zwischen Boden und Kniehöhe werden entfernt. Triebe, die in das Strauchinnere wachsen, sollten Sie ebenso herausschneiden. Zwei bis drei neue, starke Bodentriebe werden als Leitäste neu in die Krone aufgenommen. Alle anderen neuen Bodentriebe werden bodeneben abgeschnitten.

Bis zum vierten Jahr werden diese jährlichen Schnittmaßnahmen weitergeführt. Danach beginnt der Erhaltungsschnitt.

Erhaltungsschnitt Er fordert die drei Grundschritte, die wir vom Prinzip bereits von den Roten Johannisbeeren kennen: Die ein bis drei ältesten Leitäste werden jährlich entfernt. Die ältesten Triebe sind oft die dicksten, dunkelsten oder die, die am meisten Moos tragen. Die zwei bis drei besten Bodentriebe werden in die Krone integriert, alle anderen Jungtriebe werden bodeneben herausgeschnitten. Die verbleibenden Leitäste werden auf gute Basistriebe umgelenkt. Schwache Seitentriebe unterhalb Kniehöhe werden entfernt.

Verjüngungsschnitt Wurde ein Strauch über Jahre nicht geschnitten, kann er 30 bis 40 Gerüstäste besitzen. Entfernen Sie während der nächsten drei Jahre jährlich ein Drittel der Äste und behandeln Sie die nachwachsenden Triebe wie im Erhaltungsschnitt. Nach drei Jahren sind alle alten Triebe durch junge ersetzt. Werden nach dem starken Schnitt keine Bodentriebe gebildet, ist der Wurzelstock nicht mehr vital und Sie können den Strauch roden.

Stämmchen und Spalier

Wegen des starken Wachstums sind Schwarze Johannisbeeren für die Erziehung als Stämmchen nicht geeignet. Die Kronen würden zu leicht aus der Veredlungsstelle ausbrechen. Da einjährige Langtriebe das beste Fruchtholz darstellen, dies bei der Spaliererziehung aber jährlich stark zurückgeschnitten wird, ist eine Erziehung als Spalier ungeeignet.

TIPP

Schwarze Johannisbeeren wachsen kräftiger als Rote oder Weiße und verzweigen sich weniger. Da sie auch stärker geschnitten werden, benötigen sie mehr Dünger als Rote Johannisbeeren.

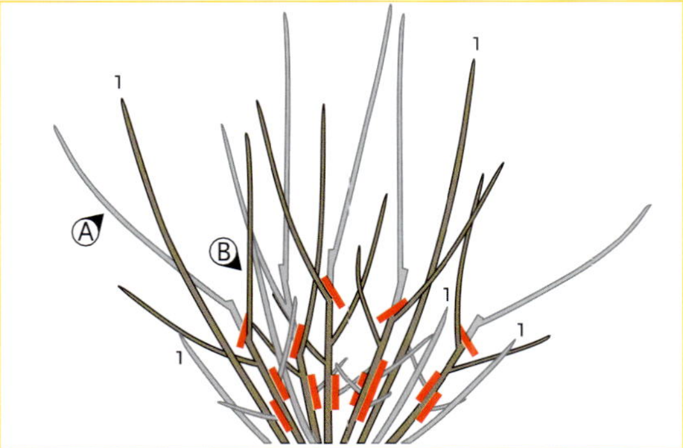

Aufbauschnitt: *Lenken Sie Leittriebe (A) auf tiefer stehende Basistriebe (B) um. Kurze Seitentriebe werden bis auf Kniehöhe entfernt. Alle schwachen einjährigen Triebe (1) werden am Boden abgeschnitten.*

Von allen Seitentrieben *bleiben zwei bis drei starke, steil stehende erhalten. Die Schwarze Johannisbeere trägt die besten Früchte an starken Langtrieben und starken Seitentrieben (Basistriebe).*

Jostabeere

Jostabeere

Die Jostabeere (*Ribes × nidigrolaria*) ist eine Kreuzung zwischen Schwarzer Johannisbeere und Stachelbeere. Sie stellt geringe Ansprüche an den Standort, benötigt aber wegen ihrer Starkwüchsigkeit viel Platz (ca. 2,50 x 1,50). Die Jostabeere trägt ihre besten Früchte analog der Stachelbeere vor allem an einjährigen Seitentrieben.
Um die extreme Starkwüchsigkeit nicht zusätzlich zu fördern, verzichten wir auf eine regelmäßige Kronenerziehung und beschränken den Schnitt auf das Notwendigste. Beginnen Sie im dritten oder vierten Jahr, jährlich ein bis zwei Leitäste am Boden zu entfernen oder auf starke, tief stehende Seitentriebe (Basistriebe) umzulenken. Die Seitentriebe der Leitäste, das Fruchtholz, bleiben ungeschnitten. Überhängende Triebe können bis zur Hälfte eingekürzt werden.

TIPP

Die Triebe der Jostabeere verzweigen sich gut, der Strauch benötigt keinen Erziehungsschnitt. Achten Sie aber darauf, dass der Strauch nicht zu dicht wird – eine ausreichende Belichtung ist die Voraussetzung für einen guten Ertrag.

Heidelbeere

Hochbuschige Heidelbeeren (*Vaccinium corymbosum*), deren Ursprung in Amerika liegt, sind in den Hausgärten noch wenig verbreitet. Sie verlangen, genauso wie die wild wachsenden Waldheidelbeeren, einen sauren Boden (pH-Wert 4 bis 5), der oft erst künstlich zu schaffen ist. Sie bevorzugen einen windgeschützten, sonnigen bis halbschattigen Standort. Staunässe oder zu trockener Boden führen zu Ertragsminderungen.

Junger Heidelbeerstrauch

Wachstum Heidelbeersträucher können gut bis zu 50 Jahre alt werden. In unserem Klima erreichen

Heidelbeeren *an der Spitze eines Langtriebes*

sie 1,50 bis 2,00 m Höhe. Im Verhältnis zu anderen Beerensträuchern wachsen sie sehr langsam. Die Sträucher erreichen ihre volle Größe erst in acht bis zehn Jahren. Dann bilden sechs bis zehn Grundtriebe dauerhaft das Kronengerüst. Was Schnittmaßnahmen angeht, sind die Sträucher sehr unkompliziert. Heidelbeeren tragen ihre Früchte in den Spitzen der Langtriebe, und an allen ein- und mehrjährigen Seitentrieben, wobei Langtriebe und starke einjährige Seitentriebe die besten Früchte liefern. Durch diese hohe Fruchtbarkeit neigen die Sträucher dazu, sich zu übertragen und kaum noch Blätter und neue Triebe zu bilden. Im Gegensatz zu Johannisbeeren, die jährlich fünf bis acht neue Bodentriebe bilden, sind es bei Heidelbeeren höchstens ein bis zwei.

Pflanzschnitt Die Sträucher werden am besten im Herbst mit Erdballen und zwei bis vier Grundtrieben gepflanzt. Der Ballen ragt nach der Pflanzung leicht über den Boden hinaus und wird mit 10 bis 20 cm Rindenmulch abgedeckt. Die Triebe bleiben ungeschnitten.

Aufbauschnitt Um das Triebwachstum überhaupt in Gang zu setzen, entfernen Sie in den beiden ersten Jahren alle Blütenknospen. Das ist für Sie als Gärtner hart, aber für die Pflanzen wirkungsvoll. Warten Sie bis kurz vor der vollen Blüte. Dann sind die Blüten leicht zu erkennen und abzustreifen.

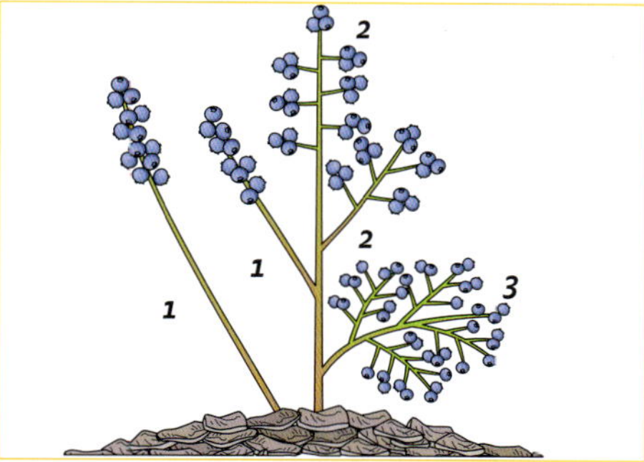

__Einjährige Bodentriebe__, lange Seitentriebe (1) und das einjährige kurze Seitenholz (2) tragen die besten Früchte und werden beim Schnitt gefördert. An mehrjährigen Seitentrieben, altem Fruchtholz (3) werden die Beeren schnell kleiner. Diese Zweige werden regelmäßig entfernt.

Erhaltungsschnitt Ab dem vierten Standjahr beginnen Sie, in der unteren Hälfte der Leittriebe altes Fruchtholz, also Seitentriebe, die zwei und drei Jahre alt sind, wegzuschneiden. Da das Holz sehr hart und fein ist, können Sie es auch ausbrechen. Ab dem fünften Standjahr nehmen Sie zusätzlich in der oberen Kronenhälfte das älteste Fruchtholz heraus. Die viel verzweigten Zweige werden dazu auf tiefer stehende, starke einjährige Seitentriebe umgelenkt. Sehr schwache Bodentriebe werden regelmäßig entfernt, die stärksten ein bis zwei jährlich in die Krone einbezogen. Ein erwachsener Strauch kann acht bis zwölf Leittriebe haben.

Verjüngungsschnitt Ab dem achten bis zehnten Standjahr beginnen Sie, etwa alle zwei Jahre einen Leittrieb herauszunehmen oder auf einen starken, bodennahen, langen Seitentrieb (Basistrieb) zu verjüngen. Starke Verjüngungsschnitte können eine zweijährige Ertragsminderung nach sich ziehen.

Schnittzeitpunkt Geschnitten wird während der Wachstumspause in den Wintermonaten.

__Vierjähriger Heidelbeerstrauch__

TIPP

Von Juli bis September erstreckt sich die Hauptreifezeit der Heidelbeeren. Die Früchte reifen nach und nach und müssen deshalb mehrfach durchgepflückt werden.

TIPP

Kulturheidelbeeren werden ausschließlich als Sträucher erzogen. Regelmäßiges Auslichten gewährleistet, dass neue Bodentriebe und junges Fruchtholz nachwachsen.

Einmal tragende Himbeere

Bei Himbeeren unterscheiden wir zwei Gruppen, die einmal und zweimal tragenden. Bei beiden Gruppen sterben die Ruten nach der Ernte ab. Beschreiben wir zunächst die einmal tragenden Himbeeren.

Diese Sortengruppe hat einen zweijährigen Rhythmus: Im ersten Jahr bilden sie lange Triebe oder Ruten von 1,50 bis 2,50 m Länge. Aus ihnen entwickeln sich im zweiten Jahr von der Spitze abwärts Seitentriebe, an deren Enden sich im Sommer Früchte bilden.

Himbeerruten mit Fruchtholzaustrieb

▸ Gerüsthimbeeren

Pflanzung Beginnen Sie mit einer Himbeerkultur, so pflanzen Sie einjährige, holzige Himbeerruten oder frische, nicht verholzte Grünpflanzen im Abstand von 50 bis 60 cm in Reihe. Holzige Ruten schneiden Sie etwa 30 cm über dem Boden ab, Grünpflanzen bleiben ungeschnitten. Im Frühjahr wachsen die neuen Ruten aus Knospen, die an den Wurzeln sitzen.

TIPP **Die Himbeere (*Rubus idaeus*) bevorzugt einen sonnigen Standort mit feuchtem und humusreichem Boden.**

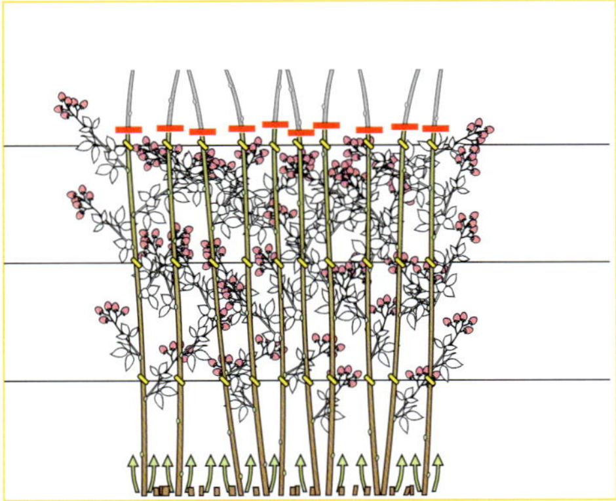

Gerüsthimbeeren *erfordern drei Grundschnitte: 1. Nach der Ernte sind alle abgeernteten Fruchtruten bodeneben abzuschneiden. 2. Nach dem Laubfall werden von Jahresruten zehn bis zwölf mittelstarke pro laufendem Meter selektiert. 3. Vor dem Austrieb im Frühjahr werden Ruten etwa auf 1,80 m eingekürzt.*

Zu dicke und zu dünne Ruten *sollten entfernt werden.*

Aufbau am Gerüst Im nächsten Frühjahr sind die Ruten einjährig und werden senkrecht an ein Gerüst angebunden. Das Gerüst sollte ungefähr 1,80 m hoch sein und bei 0,75 m, 1,10 m und 1,70 m je einen waagrechten Spanndraht aufweisen. Mit Schnur oder ummanteltem Draht werden die Ruten am Drahtgerüst angebunden.

Der Draht muss glatt und rostfrei sein, damit sich die Ruten durch Reibung nicht verletzen. Kürzen Sie die Ruten anschließend auf Körpergröße ein.

Schnitt Die Knospen im oberen Teil der Rute sind oft schwach.

Mit dem Einkürzen gehen wir in den Teil der Rute, dessen Knospen am besten ausgebildet sind und der die besten Fruchttriebe hervorbringt. Im Frühjahr wachsen dann von der Spitze abwärts etwa 40 bis 60 cm lange Seitentriebe, die ab Juli endständig Früchte tragen.

Da die abgeernteten Triebe von selbst absterben würden, schneiden Sie direkt nach der Ernte alle abgeernteten Ruten bodeneben, ohne Stummel, ab. Das gibt Licht und Luft für die nachgewachsenen Ruten, die

Himbeerfrüchte

bereits in voller Länge stehen. Sie werden so kräftiger und können sich gut entwickeln. Auf nährstoffreichen Böden können die neuen Ruten 2,50 bis 3 m hoch werden. Schneiden Sie die neuen Triebe bei einer Austriebshöhe von 20 cm noch einmal bodeneben ab. Das Wachstum wird so kurz unterbrochen und die Ruten sind im Herbst kürzer.

Auslichten Nach dem Laubfall können Sie die Jahresruten auslichten. Im Idealfall bleiben zehn bis zwölf mittelstarke Ruten stehen. Dünne und zu kurze Ruten werden entfernt, da sie wenige und schwache Fruchttriebe entwickeln. Sehr dicke Triebe werden ebenfalls herausgeschnitten, da sie oft Risse durch zu starkes Wachstum haben. Diese infizieren sich leicht mit verschiedenen Pilzkrankheiten. Kurz vor dem Austrieb im März werden die verbliebenen Ruten wieder auf Körpergröße eingekürzt.

Gerüstvarianten Es gibt die Möglichkeit, das Gerüst mit doppeltem oder einfachem Draht aufzubauen. Die Variante mit doppeltem Draht hat den Vorteil, dass man die Ruten nicht direkt am Draht befestigen muss. Die Ruten werden dadurch gehalten, dass der Draht an mehreren Stellen zusammengezogen wird. Hat das Gerüst einen einfachen Draht, müssen die Ruten mit speziellen Klammern, Bast oder Faden angebunden werden.

▸ Pendelsystem

Wer kein Gerüst im Garten haben möchte, der kann ein Pendelsystem anwenden: Ein Büschel einjährige Ruten wird an einem Pfahl angebunden und im kommenden Sommer beerntet. Alle aufkommenden, neuen Bodentriebe werden unterdrückt und im Frühjahr immer wieder abgeschnitten, so dass die Ernte durch die nachwachsenden Ruten nicht behindert wird. Nach der Ernte werden alle Ruten abgeschnitten.

Im nächsten Jahr wachsen am Pfahl nur die neuen Ruten. Bei einem anderen Pfahl machen sie es umgekehrt. Im ersten Jahr wachsen die Ruten, im zweiten Jahr werden sie beerntet.

Himbeererziehung am Pfahl – die Alternative zum Drahtgerüst

Zweimal tragende Himbeere

Diese Gruppe ist besonders durch die Sorte 'Autumn Bliss' oder 'Blissy' populär geworden, die derzeit eine der robustesten Himbeersorten für den Hausgarten ist. Da 'Blissy' sehr spät blüht, werden in den Blüten keine Eier abgelegt und die Beeren sind vollständig frei von Würmern. Darüber hinaus sind die Wurzeln im Vergleich zu vielen zweijährigen Sorten sehr widerstandsfähig gegen die Krankheit des Wurzelsterbens, dessen Ursache noch nicht hinreichend bekannt sind.

Da alle Ruten nach einem Jahr abgeschnitten werden, hat die Rutenkrankheit ebenfalls keine Bedeutung.

Zweimal tragende Himbeeren haben normalerweise eine kleine, frühe Ernte und eine späte Haupternte. Da die frühe Ernte sehr klein ist und die Früchte oft Würmer enthalten, erziehen wir die zweimal tragenden Himbeeren so, dass wir ausschließlich die gesunde Haupternte erhalten.

Zu Beginn der Kultur werden die Jungpflanzen mit 50 bis 60 cm Abstand in Reihe gepflanzt.

Der Rhythmus ist einjährig, denn die austreibenden Ruten wachsen, blühen und fruchten in einem Jahr: Von April bis Juni wachsen die Ruten auf ihre volle Länge, im Juni und Juli bilden sie Blüten. Die Früchte können dann von Mitte August bis zum Frost geerntet werden.

TIPP

Legt man ausschließlich Wert auf die Herbsternte der zweimal tragenden Sorten, so entfernt man im Spätwinter alle Triebe. Die Neutriebe tragen im Spätsommer nur im Spitzenbereich Früchte.

Herbsthimbeersorte 'Himbotop'

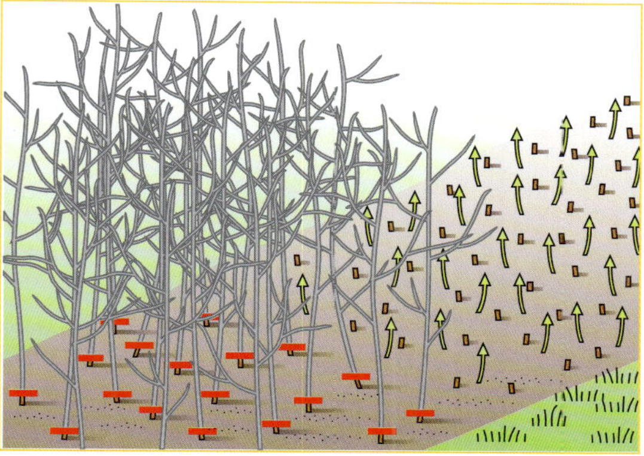

***Bei zweimal tragenden Himbeeren**, bei denen nur Wert auf eine Haupternte im Spätsommer/Herbst gelegt wird, sollen nach der Ernte alle Triebe direkt über dem Boden abgeschnitten werden.*

***Alle Ruten des letzten Jahres** wurden bodeneben abgeschnitten. Die neuen Ruten wachsen durch ein Drahtgitter, das ihnen vor allem während des Fruchtens im Spätsommer einen leichten Halt gibt.*

TIPP

In Hochlagen wird die Sorte 'Autumn Bliss' nicht mehr rechtzeitig reif und kann deshalb nicht empfohlen werden.

Im Unterschied zu der einmal tragenden Himbeer-Gruppe bleiben die Ruten mit 1,50 bis 1,80 m Länge etwas kleiner und tragen die Früchte an kürzeren Seitentrieben. Die einzelne Rute wird deshalb nicht zu schwer und braucht kein Stützgerüst.

Alle Triebe werden nach der Ernte bodeneben abgeschnitten. Infolgedessen reagiert die Pflanze mit der verstärkten Bildung von Neuaustrieben. Da die Fruchtbildung lediglich im Spitzenbereich dieser neuen Triebe erfolgen wird, vereinzelt man die Ruten nicht.

Von Jahr zu Jahr wird das Wurzelsystem größer und die Anzahl der Ruten nimmt zu. Lassen Sie die Ruten beetweise wachsen, dann brauchen Sie nicht auszudünnen. Ein einfaches, waagrechtes Gerüst aus grobem Maschendraht gibt ihnen Halt. Alternativ können Sie sich auch auf zwei Drähte beschränken, die rechts und links entlang des Beetes etwa auf halber Rutenhöhe laufen. Die Beetbreite begrenzen Sie durch regelmäßiges Abmähen oder Abschneiden der Jungruten, oder Sie graben senkrecht eine Wurzelsperre aus Plastikfolie, Holz oder Metall ein. Ist der Spätsommer sehr regenreich, lohnt es sich die Himbeeren mit einem Foliengerüst abzudecken. Das schützt die Früchte vor Fäulnis (Botrytis/Grauschimmel).

TIPP

Spätfrostschäden zeigen sich manchmal erst kurz vor der Ernte. Schneiden Sie deshalb nach einem starken Spätfrost besser alle jungen Triebe an der Bodenoberfläche ab. Die sich anschließend neu bildenden Jungtriebe weisen keine Schäden auf.

***Bekannteste zweimal tragende** Himbeersorte: 'Blissy'*

Brombeere

Brombeeren (*Rubus fruticosus*) benötigen einen nährstoffreichen und lockeren Gartenboden. Sie sollten sonnig bis halbschattig und windgeschützt stehen. Brombeeren haben einen zweijährigen Rhythmus. Im ersten Jahr werden lange Ruten gebildet, die je nach Sorte zwischen 2 und 8 m lang werden können.

Im zweiten Jahr wachsen Seitentriebe, an denen sich im Sommer endständig die Früchte bilden. Nach der Ernte stirbt die Fruchtrute ab. Besonders die stachellosen Sorten sind so starkwüchsig und ertragreich, dass eine einzige Pflanze im Garten ausreicht.

Pflanzung und Erziehung Brombeeren werden am besten an einem Drahtgerüst erzogen, bei dem die Spanndrähte auf 0,60, 1,00 und 1,40 bis 1,60 m Höhe laufen. Pflanzen Sie die Brombeere so, dass

TIPP

Versorgen Sie Ihre Brombeeren jährlich mit einer neuen Mulchdecke. Diese sorgt für eine gleichmäßige Bodenfeuchte.

***Brombeerruten** – bereits hochgebunden*

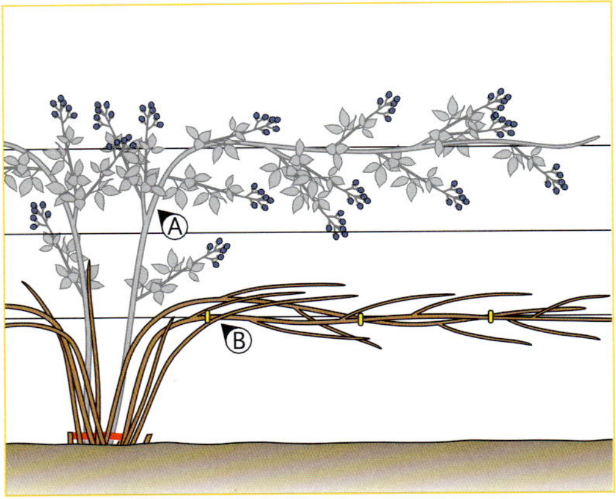

***Die fruchttragenden Ruten (A)** sind an den oberen Drähten angebunden und werden nach der Ernte entfernt. Die neuen Langtriebe (B), die im nächsten Jahr Früchte bringen, werden in der Anzahl reduziert und am unteren Draht angebunden. Sie haben oft vorzeitige Seitentriebe.*

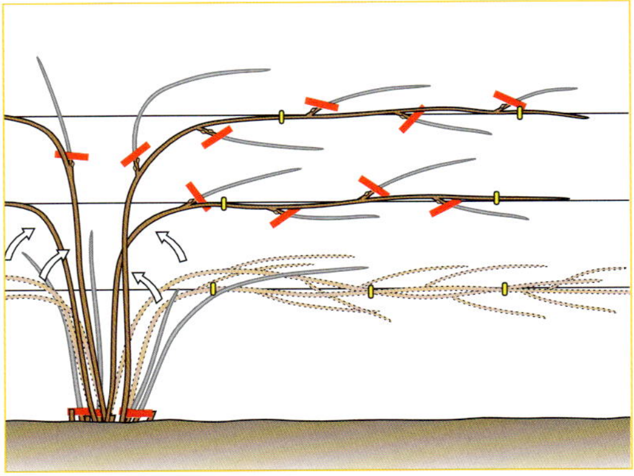

***Im März** werden die einjährigen Ruten an den beiden oberen Drähten angebunden. Alle Seitentriebe werden auf höchstens zwei Knospen eingekürzt. Der untere Draht ist frei für die nachwachsenden Neutriebe.*

***Fruchtruten und nachwachsende Ruten** werden nach Gerüstseiten getrennt.*

TIPP **Grundsätzlich sollten Neutriebe von den Tragruten getrennt werden. Das erreichen Sie auch, wenn alle neuen Ruten entlang der linken Gerüstseite und die fruchttragenden Ruten alle auf der rechten Seite angebunden werden.**

das Gerüst rechts und links etwa 3 m lang ist. Jungpflanzen werden im Frühjahr mit Topfballen gepflanzt. Dies bietet gegenüber der Herbstpflanzung den Vorteil, dass die frostempfindlichen Pflanzen gut anwachsen können und den kommenden Winterfrösten besser standhalten.
Im ersten Jahr treibt die Pflanze wenig Langtriebe. Diese werden über Sommer an den oberen Gerüstdraht angebunden. Starkwüchsige Ruten bilden schon im ersten Jahr Seitentriebe, die durchaus 1 m lang sein können, aber nicht zum Fruchtertrag kommen. Von den sechs bis zehn langen Hauptruten behalten Sie höchstens zwei bis vier und kürzen deren Seitentriebe bis auf ein oder zwei Knospen ein. Folgen die Seitentrieben sehr dicht aufeinander, kann auch jeder zweite ganz entfernt werden.
Je weniger Haupttriebe und Knospen von Seitentriebe stehen bleiben, desto weniger Fruchttriebe entstehen. Sie erhalten so weniger Früchte, die aber früher reifen und eine bessere Qualität haben. Je mehr Triebe und Früchte eine Pflanze auszubilden hat, desto schleppender ist die Reife und umso schlechter ist die Fruchtqualität. Das ist besonders für höhere Lagen zu beachten, in denen von Natur aus später geerntet wird.
Während die Seitentriebe von August bis September Früchte erbringen, sind neue Haupttriebe aus dem Boden nachgewachsen. Sie bringen die Ernte im nächsten Jahr und können schon während des Sommers auf die gewünschte Anzahl reduziert und am Gerüst in der unteren Etage angebunden werden. Dort beeinträchtigen sie am wenigsten die Fruchtreife und Ernte. Die abgeernteten Fruchtruten werden nach der Ernte bodeneben abgeschnitten. Jetzt können bereits die neuen Ruten nach oben gebunden werden.
Die Seitentriebe kürzen Sie im März nach den starken Frösten.

Schwächer wachsende *und dornenlose Brombeersorte 'Nessy'*

Schwächer wachsende Brombeersorten

Sorten, wie die sehr aromatische 'Loch Ness' oder ‚Nessy', benötigen kein langes Gerüst. Da die einzelnen Ruten nur etwa 2,50 bis 3,00 m lang werden, sollten Sie sich für das Fächersystem entscheiden. Anstelle der zwei bis vier langen Haupttriebe werden sechs bis zehn Haupttriebe auf ungefähr 2 m Länge eingekürzt und fächerförmig an das Gerüst angebunden. Nachwachsende Hauptruten werden wechselweise zwischen den Fruchtruten eingefügt oder man belässt eine freie Mitte, in der die sie gebündelt werden.

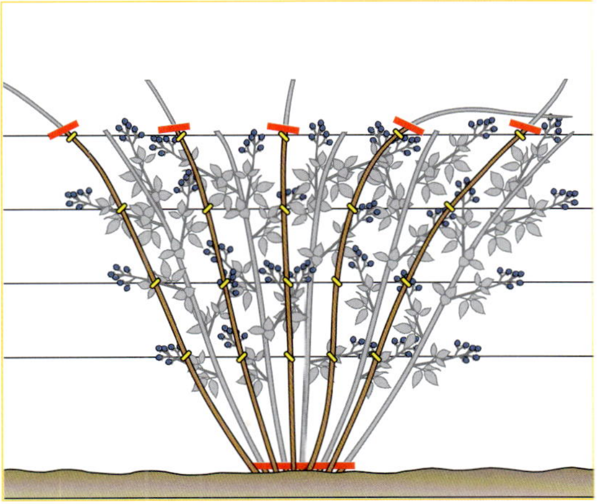
Beim Fächersystem *werden die Fruchtruten fächerförmig an das Gerüst angebunden, die nachgewachsenen Ruten eingefügt und auf etwa 2 m eingekürzt. Die Fruchtruten werden nach der Ernte bodeneben abgeschnitten.*

Kiwi

Bei den Kiwis unterscheiden wir botanisch zwei verschiedene Arten: die großfrüchtige, stachelige *Actinidia chinensis* und die kleinfrüchtige, glattschalige *Actinidia arguta*. Bezüglich des Schnittes verhalten sich beide Arten und ihre Sorten gleich. Beide Arten können nur im Wein- und Obstbauklima angebaut werden. Ihre Früchte, die erst im Oktober reifen, sind durch frühen Frosteinbruch gefährdet. Spätfrost im Frühjahr schädigt den Austrieb. Kiwis sind linksdrehende Schlingpflanzen und haben eine enorme Wuchskraft. Sie benötigen eine große, stabile Pergola oder eine größere Wand mit stabilen Spanndrähten, die etwa 0,80 bis 1,00 m Abstand zueinander haben sollten.

Weibliche Kiwiblüten

Schnitt Von Anfang an sollten Sie die Kiwi regelmäßig schneiden. Belassen Sie nur einen Grundtrieb, von dem aus sie im ersten Jahr lange waagrechte Seitentriebe erziehen. Die Seitentriebe sollten so lang wie möglich bleiben. Mehrere Seitentriebpaare können mit mindestens 1 m Abstand übereinander stehen. Im zweiten Jahr verzweigen die Seitentriebe. Da die Pflanze inzwischen viele Triebe zu versorgen hat, wird diese Triebgeneration schon etwas kürzer. Reicht das Drahtspalier oder die Pergola nicht aus, können Sie die Seitentriebe über Sommer mehrmals auf eine Länge mit vier bis sechs Blättern einkürzen. Da Kiwis von Blatt zu Blatt große Abstände haben, entspricht das etwa einer Trieblänge von 1,00 bis 1,20 m. Stehen die Seitentriebe sehr dicht hintereinander, sollten Sie einzelne Äste ganz herausnehmen. Im dritten Jahr entwickeln sich Seitentriebe, die in ihrem Wachstum so abgeschwächt sind, dass sie in den ersten vier bis fünf Blattachseln Blütenknospen haben. Blüten entstehen also im Frühjahr am neuen Zuwachs der zwei- und dreijährigen Seitentriebe. Die fruchttragenden Triebe können im Lauf des Sommers durchaus wieder 1 bis 2 m Länge erreichen. Die Trieblängen werden während des Sommers immer wie-

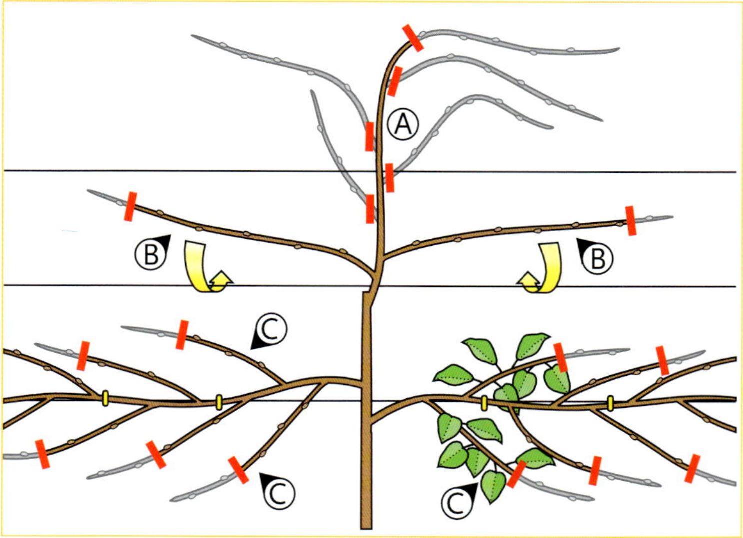

***Entlang des Grundtriebes** werden im Abstand von 0,80 bis 1,00 m Seitentriebpaare erzogen. In der Spitze (A) werden Konkurrenzäste entfernt und die Spitze eingekürzt.*
Ein neues Seitentriebpaar (B) wird in die Krone eingefügt und die Spitzen leicht eingekürzt.
Am unteren Seitentriebpaar sind bereits Seitenäste 2. Ordnung (C) entstanden, die über Sommer auf etwa sechs Blätter eingekürzt werden.

***Großfrüchtige**, rauschalige* Actinidia chinensis

***Kleinfrüchtige**, glattschalige* Actinidia arguta *'Weiki'*

der zurückgenommen, so dass hinter den Blüten und Früchten nur vier bis fünf Blätter stehen bleiben. Eine Kiwipflanze beginnt also frühestens im dritten Jahr Früchte zu tragen. Ist die Pflanze sehr wüchsig, kann sich das auch ein bis zwei weitere Jahre hinausschieben.

Seitentriebe, die einmal gefruchtet haben, bilden keine weiteren Blütenknospen mehr aus. Deshalb muss das Fruchtholz der Kiwis regelmäßig verjüngt werden. Schneiden Sie die Astpartien, die Früchte getragen haben, direkt an einem Seitentrieb ab, der bisher nicht gefruchtet hat. Dieser neue Seitentrieb bildet im kommenden Frühjahr Unterverzweigungen, an deren Anfang sich wieder Früchte bilden. Von Zeit zu Zeit müssen Sie auch einen Seitenast 1. Ordnung durch einen neuen ersetzen.

Schnittzeitpunkt Die Schnittarbeiten am Grundgerüst führen Sie Ende Februar oder Anfang März nach allen starken Frösten aus. Die fruchttragenden Seitentriebe kürzen Sie während des Sommers nach Bedarf zwei- bis viermal ein.

Achtung Kiwis sind zweihäusig, das heißt männliche und weibliche Blüten leben auf getrennten Pflanzen. Für einen Fruchtertrag benötigen Sie deshalb eine männliche und weibliche Pflanze. Die männliche Pflanze der großfrüchtigen Kiwi, kann die weiblichen Pflanzen der kleinfrüchtigen Sorten nicht befruchten und umgekehrt.

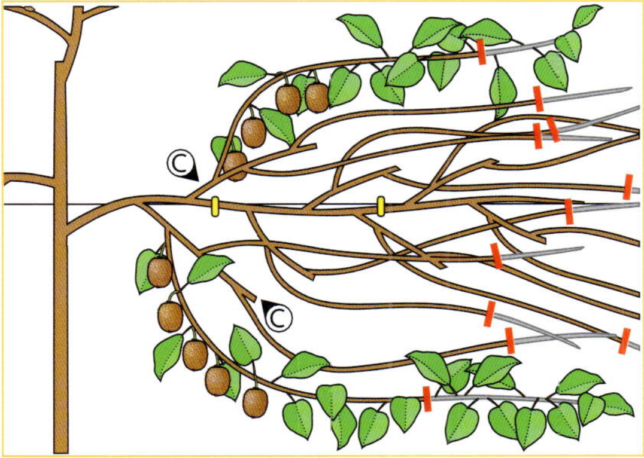

***Die eingekürzten Seitentriebe 2. Ordnung (C)** bilden im Frühjahr Seitentriebe 3. Ordnung, die am Beginn ihrer Triebe Blüten und Früchte bilden. Die fruchttragenden Triebe werden über den Sommer mehrmals hinter den Früchten auf vier bis fünf Blätter eingekürzt.*

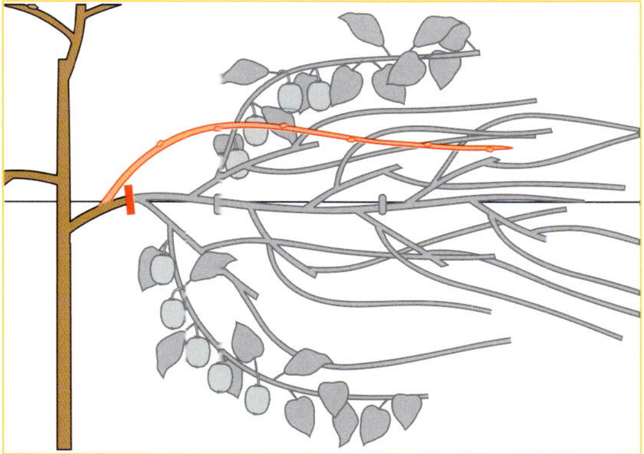

***Das Fruchtholz** wird regelmäßig verjüngt, in dem es auf einen Seitentrieb umgelenkt wird, der bisher keine Früchte getragen hat. Dieser neue Seitentrieb 2. Ordnung bildet im kommenden Frühjahr Seitentriebe 3. Ordnung, an deren Anfang sich wieder Früchte bilden.*

Häufige Schnittfehler bei Beerenobst

▸ Johannis- und Stachelbeere

Fehler Sie lassen zu viele Leittriebe stehen.
Auswirkung Die Triebe beschatten sich gegenseitig. Die Seitentriebe, die Früchte bringen sollen, bleiben kurz und schwach. Es gibt keine neuen Bodentriebe mehr. Der Strauch ist am vergreisen.
Korrekturschnitt Schneiden Sie über zwei bis drei Jahre verteilt alle alten Triebe bodeneben ab und bauen Sie den Strauch auf zehn bis zwölf neue Triebe um (siehe auch Erhaltungsschnitt Seite 100).

Fehler Sie schneiden jährlich alle Triebe auf einer Höhe zurück.
Auswirkung An den Schnittstellen entstehen viele starke, einjährige Triebe, die bei Roten Johannisbeeren oder Stachelbeeren kaum Früchte bringen. Die vielen Triebe auf einer Höhe bilden ein dichtes Schattendach. Die wenigen Früchte, die hier an ungeschnittenen, schwachen Seitentrieben unter dem Schattendach wachsen, reifen ungleichmäßig und sind klein und wenig aromatisch. Durch den starken Schatten wachsen keine neuen Bodentriebe nach. Mit dieser Schnittweise produzieren Sie Holz und schlechte Früchte.
Korrekturschnitt Öffnen Sie das Schattendach, indem Sie jedem Leittrieb an der Schnittstelle nur einen Trieb belassen. Alle anderen steilen Triebe werden herausgeschnitten. Die Leittriebe werden zukünftig nicht eingekürzt. Wenn sie drohen, durch das Gewicht der Früchte zu stark auf den Boden zu hängen, werden sie innerhalb des oberen Drittels auf einen tiefer stehenden Seitentrieb umgelenkt. Der Erhaltungsschnitt erfolgt wie oben beschrieben.

▸ Himbeere

Fehler Sie lassen zu viele Ruten pro laufendem Meter stehen und kürzen Sie im März nicht ein.
Auswirkung Der Himbeerbestand bringt zu viele fruchttragende Seitentriebe. Die Früchte bleiben klein und weniger aromatisch. Der Bestand wird zu dicht und trocknet nach Regen zu langsam ab. Dies hat zur Folge, dass sich Schimmelpilze einnisten können, die die Früchte vor der Ernte befallen und zerstören.
Korrekturschnitt Im Herbst lichten Sie den Strauch bis auf zehn bis zwölf mittelstarke Ruten aus. Im Frühjahr kürzen Sie alle Ruten auf etwa 1,70 bis 1,80 m Höhe ein.

▸ Brombeere

Fehler Sie lassen zu viele Langtriebe und deren vorzeitige Seitentriebe stehen.
Auswirkung Jede vorhandene Knospe bringt einen Trieb, der

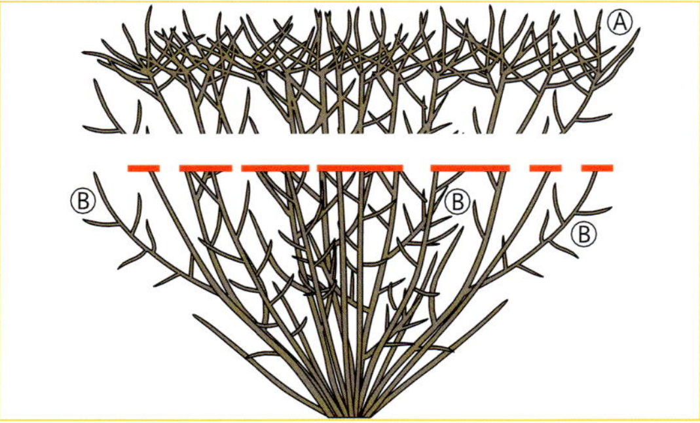

__Fehler:__ Der Johannisbeerenstrauch wird jährlich im Frühjahr auf eine Höhe zurückgeschnitten. An den Schnittstellen entstehen dichte Büschel einjähriger Triebe (A). Tiefer stehende Seitentriebe (B) entwickeln im Schatten schlechte Früchte oder sterben ab. Aus Lichtmangel entwickeln sich keine neuen Bodentriebe.

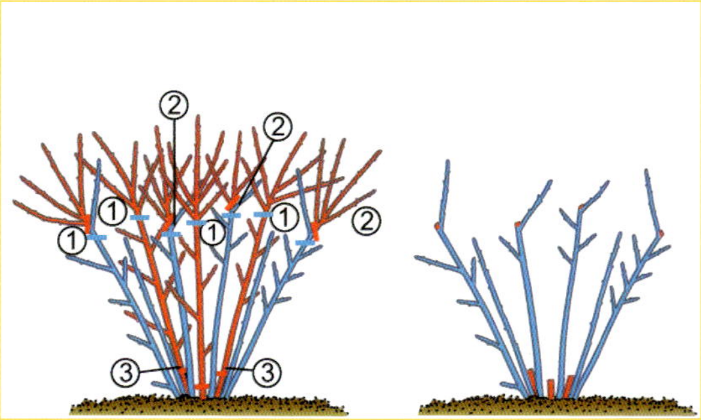

__Links:__ An den Schnittstellen des Vorjahres (1) sind sehr viele Triebe entstanden. Schneiden Sie die Krone so zurück, dass ein langer Trieb erhalten bleibt (2). Einige alte Leittriebe (3) werden bodeneben abgeschnitten. __Rechts:__ Die Krone ist jetzt offen, Licht dringt ein, die Fruchtqualität wird besser. Neue Bodentriebe entstehen.

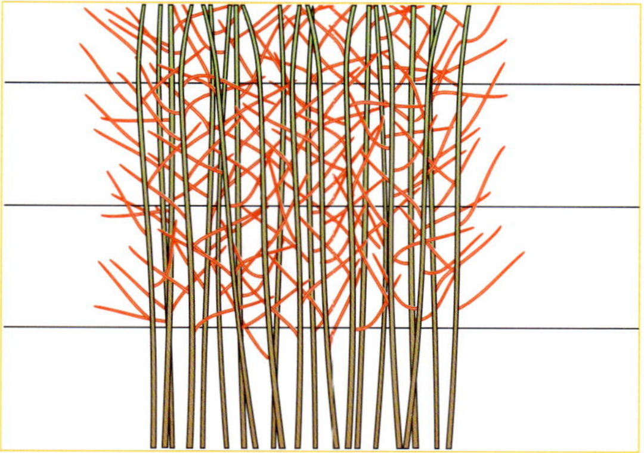

__Fehler:__ Die Himbeerruten stehen zu dicht. Die Früchte sind kleiner und weniger aromatisch.

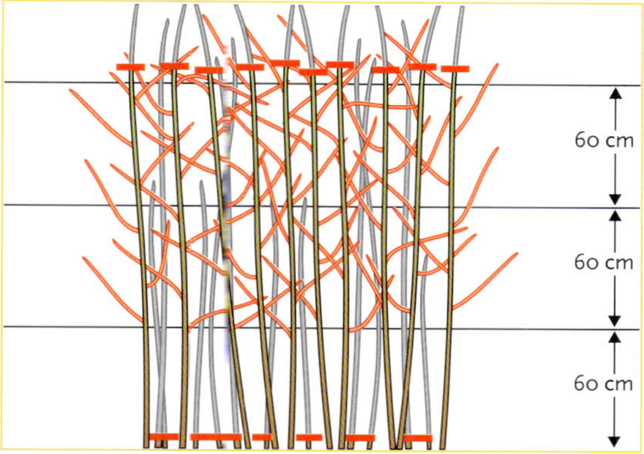

__Korrektur:__ Die Ruten werden auf zehn bis zwölf pro laufendem Meter ausgelichtet und auf Körpergröße eingekürzt.

Früchte ansetzt. Es entsteht ein unüberschaubarer, dichter „Dschungel". Früchte bleiben sauer und klein und ihre Reife verzögert sich. Besonders in Spätlagen wird ein großer Teil der Früchte im Herbst nicht mehr reif.

Korrekturschnitt Nach den stärksten Frösten reduzieren Sie die Zahl der Leittriebe je nach Sorte und Anbindesystem auf zwei bis sechs. Alle Seitentriebe der Leittriebe werden auf ein bis zwei Knospen eingekürzt. Stehen Seitentriebe zu dicht hintereinander, wird jeder zweite Seitentrieb ganz entfernt.

Kiwi

Fehler Sie schneiden Leit- und Seitentriebe wegen ihres starken Wachstums jährlich stark zurück.

Auswirkung Das Triebwachstum wird noch stärker angeregt, als es von Natur aus schon ist. Die Seitentriebe wachsen zu stark und setzen keine Früchte an. Die Seitentriebe werden erst auf Blütenbildung umgestimmt, wenn ihr Triebwachstum schwächer wird.

Korrekturschnitt Setzen Sie den Schnitt ein bis zwei Jahre aus oder schneiden Sie regelmäßig im Sommer. Dann beruhigt sich das Wachstum und es gibt mehr Chancen für Blüten- und Fruchtbildung.

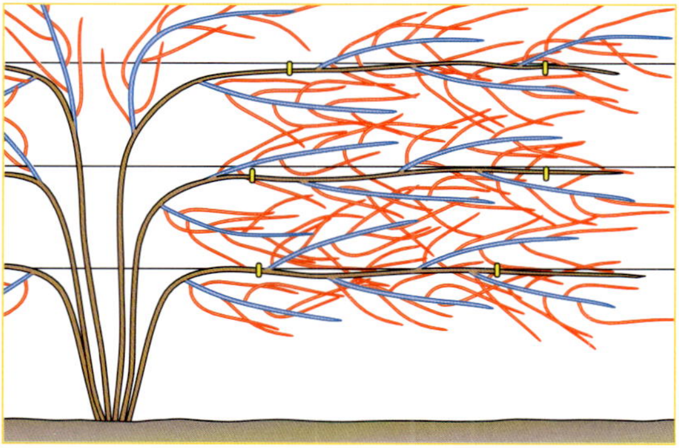

__Fehler:__ Die Seitentriebe dieser Brombeerruten (blau) wurden nicht eingekürzt. Es entstehen zu viele fruchttragende Triebe (rot). Es entstehen leicht Pilzkrankheiten.

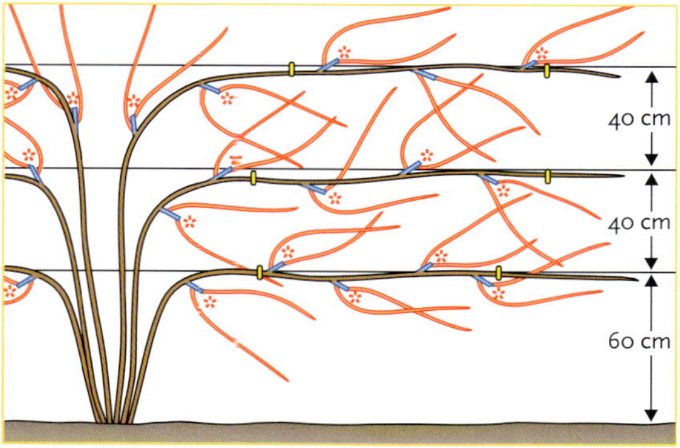

__Korrektur:__ Die Seitentriebe sind vereinzelt und auf ein bis zwei Knospen eingekürzt. Jeder Fruchttrieb (rot) steht frei und wird ausreichend mit Licht und Nahrung versorgt.

Weinrebe und Tafeltraube

Der flächige Anbau von Weinreben (*Vitis vinifera*) findet ausschließlich in den warmen Gebieten statt, im nach ihnen benannten Weinbauklima. Einzelreben bringen jedoch auch in geschützter Lage außerhalb des Wein- und Obstbauklimas schmackhafte Früchte hervor.
Der flächige Rebanbau für die Weinproduktion muss genehmigt werden. Für den privaten Verbrauch sind 99 Weinstöcke und somit auch die einzelne Weinrebe im Garten oder am Haus frei. Seit dem Jahr 2000 dürfen in Deutschland reine Tafeltraubensorten, die nicht als Keltertrauben zugelassen sind, ohne Genehmigung flächig angebaut werden. Damit wächst zukünftig das Angebot guter, gesunder Traubensorten, die für den Frischverzehr geeignet sind. Den Hobbygärtner wird es dann noch mehr reizen, eigene Trauben anzubauen. Die Erziehung von Wein- und Tafeltrauben kann auf sehr verschiedene Weisen geschehen. Wir unterscheiden die Erziehung im flächigen Anbau am Drahtgerüst und die Spaliererziehung am Haus.
Tafeltrauben haben ein großes Fruchtgewicht, so dass der Drahtrahmen oder das Gerüst sehr stabil sein müssen. Trauben sind selbstfruchtbar. Sie benötigen keine zweite Pflanzen zum Befruchten.

Reife, *gesunde Trauben*

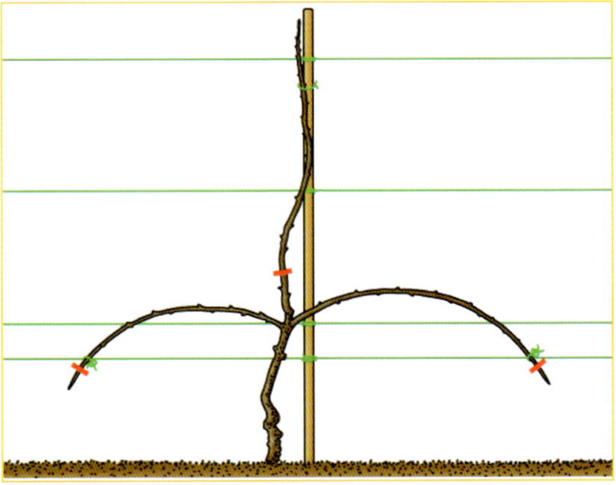

Ein Jahr nach der Pflanzung *bleiben zwei Triebe am untersten Spanndraht erhalten und werden auf acht bis zwölf Knospen eingekürzt. Der Mitteltrieb wird auf zwei Knospen eingekürzt.*

***Aus den Bögen** wachsen Triebe mit Früchten im unteren Drittel. Diese Triebe werden im Sommer auf ungefähr 1,80 m Höhe eingekürzt.*

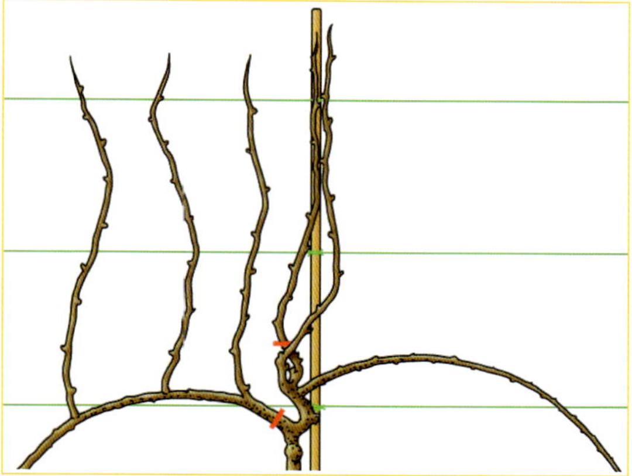

***Die zwei stammnächsten** Jahrestriebe bleiben stehen. Sie werden als Bogen gezogen und bringen die Ernte im nächsten Jahr.*

Reben am Drahtrahmen

Zunächst erstellen Sie einen Drahtrahmen, bei dem ein Spanndraht auf 0,60 m Höhe und darüber drei weitere mit je 0,30 m Abstand laufen.

Pflanzung Danach pflanzen Sie eine Topfrebe mit einem einjährigen, starken Trieb, den Sie auf 0,60 bis 0,80 m einkürzen. Die Pflanze treibt bis zum Herbst in der Spitze mit mehreren starken Trieben aus.

Erziehung Entfernen Sie im kommenden Frühjahr alle Triebe bis auf die untersten zwei. Diese beiden kürzen Sie auf acht bis zwölf Knospen ein und binden sie rechts und links im Bogen an den unteren Spanndraht. Entlang der Bögen wachsen senkrechte, starke Triebe aus, die während ihres Herauswachsens hinter den ersten vier bis sechs Blättern Blüten und Früchte ausbilden. Diese fruchttragenden Sommertriebe werden am Drahtgerüst bis auf etwa 1,80 m geführt und dort eingekürzt. Über den Sommer entwickeln sich aus dem fruchttragenden Trieben zahlreiche Seitentriebe, die keine Blüten und Früchte bilden, so genannte Geiztriebe. Stehen sie oberhalb der Fruchtstände werden sie während des Sommers mehrmals ausgebrochen. Stehen sie auf der Höhe der Früchte, werden Sie regelmäßig so eingekürzt, dass nur zwei Blätter stehen bleiben. Auch Triebe, die unterhalb der Bogentriebe wachsen, werden ganz entfernt.

Im kommenden Frühjahr erfolgt ein starker Rückschnitt. Die beiden senkrechten Fruchtruten, die dem Stamm am nächsten stehen, bleiben erhalten. Alle anderen werden entfernt. Die verbleibenden Ruten werden auf acht bis zwölf Knospen eingekürzt und im Bogen an den Drahtrahmen gebunden. Ist die Rebe zu schwachwüchsig, kürzen Sie die untere der beiden Ruten jährlich auf zwei bis drei Knospen ein.

Erhaltung Diese Schnittmaßnahmen wiederholen sich Jahr für Jahr. Reben können 50 bis 70 Jahre alt werden.

***Rückschnitt** am Kordon auf Zapfen*

Reben als Spalier an der Hauswand

Da die Rebe sich mit ihren dünnen, biegsamen Trieben leicht formieren lässt, gibt es viele verschiedene Erziehungsmöglichkeiten. Bei der Spaliererziehung, sind der einarmige senkrechte Kordon (Schnurbaum), der zweiarmige senkrechte Kordon und der waagrechte Kordon besonders geeignet. Vergleichen Sie dazu auch das Kapitel Spaliere, Seite 50 ff. Nachfolgend wird der waagrechte Kordon beschrieben. Von dieser Form können Sie alle anderen ableiten.

Waagrechter Kordon – Pflanzung und Pflanzschnitt Erstellen Sie zunächst ein Gerüst aus Drähten oder schmalen, etwa 2 cm breiten Holzlatten, die waagrecht jeweils mit 40 bis 50 cm Abstand angeordnet sind. Die Gerüstarme können sich über eine oder zwei Geschosshöhen aufbauen. Pflanzen Sie anschließend eine eintriebige Rebe mit Topfballen mit 30 bis 40 cm Abstand zu Mauer und schneiden sie den Haupttrieb etwa 20 bis 30 cm über dem ersten geplanten Gerüstarm zurück. Von den auswachsenden Trieben bleiben der Mitteltrieb und zwei Seitentriebe als erste Gerüstarme stehen.
Alle anderen Austriebe werden während des Sommers entfernt. Das Seitentriebpaar wird am Gerüst angebunden.

Aufbauschnitt Im nächsten Frühjahr kürzen Sie die Spitze des Mitteltriebs erneut 20 bis 30 cm über dem geplanten zweiten Gerüstarm ein. Das erste Gerüstastpaar wird ein Viertel bis ein Drittel eingekürzt, mit dem Ziel, dass die Triebe möglichst aus all ihren Knospen austreiben. Haben die Seitentriebe im letzten Sommer schon vorzeitige Seitentriebe gebildet, werden diese jetzt auf kurze Zapfen mit ein bis zwei Knospen zurückgeschnitten.
Im Sommerschnitt (Juni/Juli) werden entlang des Mitteltriebes alle Austriebe, mit Ausnahme eines neuen Astpaares, entfernt. Das neue Astpaar wird am zweiten Gerüstarm angebunden. Wachsen aus ihnen vorzeitig Seitentriebe, werden diese regelmäßig auf vier bis sechs Blätter eingekürzt. Die Austriebe des unteren Astpaar sind bereits Fruchttriebe, die an den ersten drei bis fünf Blättern Blüten und Früchte bilden. Diese Fruchtruten können über Sommer 1 bis 2 m lang werden. Sie werden deshalb mehrmals auf drei bis fünf Knospen vor den Früchten eingekürzt.
Darüber hinaus werden im Sommer überflüssige Triebe herausgeschnitten, die keine Früchte tragen

Sommerschnitt nach dem Pflanzen: *Die Verlängerung des Mitteltriebes und zwei Seitentriebe in Höhe des ersten Gerüstarmes bleiben ungeschnitten. Alle anderen Triebe werden im Juni oder Juli entfernt.*
Die Seitentriebe werden am Gerüst befestigt und im kommenden März eingekürzt.

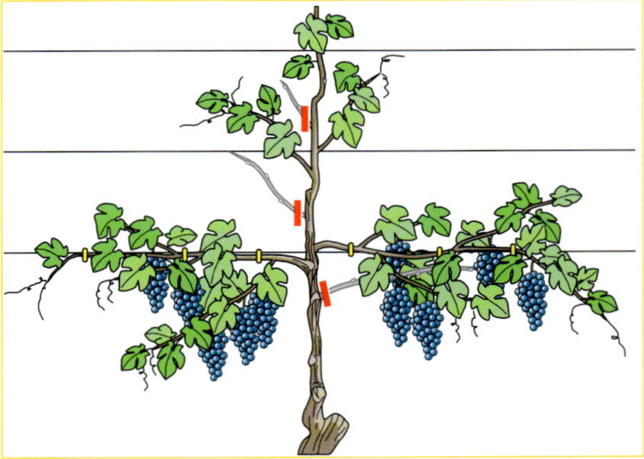

Schnitt im zweiten Sommer: *Über Sommer wächst aus der obersten Knospe die Mitte nach. Aus passenden Seitentrieben erziehen Sie die zweite Etage Gerüstäste. Alle anderen Triebe werden entfernt. Aus den Knospen der ersten Gerüstäste wachsen Fruchtruten, die im Sommer regelmäßig auf acht bis zehn Blätter über den Früchten eingekürzt werden.*

Weintrauben am Spalier

***Reben** als Spalier an Hauswand*

und nicht für den Aufbau benötigt werden.
Im nächsten Frühjahr werden die Fruchtruten des unteren Astpaares und die Nebentriebe des zweiten Astpaares erneut auf Zapfen mit ein bis zwei Knospen zurückgeschnitten. Beide Astpaare tragen im kommenden Sommer Fruchtruten. Nach oben wird ein drittes Astpaar neu angebunden. Die Sommerschnittarbeiten werden wiederholt: Überzählige Triebe werden ganz herausschnitten sowie Fruchtruten und Nebentriebe regelmäßig eingekürzt. Im nächsten Frühjahr werden alle Fruchtruten und Nebentriebe wieder auf kurze Zapfen geschnitten.
Die einzelnen Astpaare (waagrechte Kordons) können beliebig in die Länge und ihre Anzahl je nach Wuchskraft auch in die Höhe gezogen werden.

Senkrechter Kordon Bei der Erziehung zum senkrechten Kordon reduzieren sich die waagrechten Kordons. Die Seitentriebe selbst werden immer wieder direkt am Mitteltrieb auf kurze Zapfen geschnitten und bringen jährlich ein, zwei Fruchtruten hervor.

Zapfen Die Zapfen, also auch das jährliche Fruchtholz, sollten sowohl beim waagrechten als auch beim senkrechten Kordon 20 bis 30 cm Abstand untereinander haben. Stehen sie dichter, werden die Zapfen zwischendurch ganz weg geschnitten. Damit verzichten sie an dieser Stelle dauerhaft auf Austriebe und Fruchtholz.

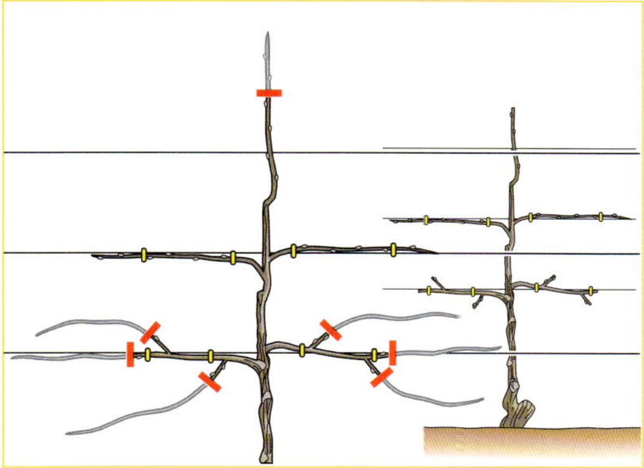

Schnitt im dritten Frühjahr: *Die abgeernteten Fruchtruten werden auf kurze Zapfen mit ein bis zwei Knospen eingekürzt.*
Der Mitteltrieb und die Gerüstäste werden nach Bedarf zurückgeschnitten.

Schalenobst

Walnuss

Walnussbäume lieben warme und sonnige Standorte auf tiefgründigem Boden.
Walnüsse sind selbstfruchtbar. Ein anderer Walnussbaum in der Nähe fördert aber den Ertrag.

Sämling Walnüsse (*Juglans regia*) werden gerne aus Nusskernen gezogen. Sämlinge bieten jedoch keine Sicherheit für die Größe und Qualität ihrer Nüsse, da jeder Baum genetisch verschieden und eine Sorte für sich ist.

Veredelter Walnussbaum Sorten veredelter Walnüsse haben beschriebene Sorteneigenschaften. Die Nüsse sind in der Regel groß bis sehr groß, der Ertrag setzt etwas früher ein und die Bäume wachsen etwas schwächer als Sämlinge. Walnüsse werden auf Schwarznuss veredelt und sind die am stärksten wachsenden Obstbäume, die wir kennen. Deshalb behalten sie auch ihre Naturkrone, die man nur mit wenigen Schnitten reguliert. Beim selbst gezogenen Sämling ist der Stamm bis nahe zum Boden beastet. Im Garten brauchen Sie jedoch einen Baum, unter dessen Krone Sie sich frei bewegen können. Das erreichen Sie mit einer Stammhöhe von etwa 3 bis 4 m. Kürzen Sie in den ersten ein bis vier Jahren jährlich die unteren drei oder vier Seitentriebe im Sommerschnitt auf 20 bis 30 cm ein. Im folgenden März werden sie ganz entfernt. So wird der Stamm jährlich um etwa 1 m von Seitentrieben freigestellt.
Einen veredelten Nussbaum kaufen Sie in der Baumschule; er hat meistens schon die fertige Stammlänge.

Walnussbaum im Hausgarten

Links: *Beim Sommerschnitt werden zu tief stehende Äste auf 20 bis 30 cm eingekürzt.* ***Rechts:*** *Beim folgenden Winterschnitt werden die Seitenäste vollständig entfernt*

TIPP

Für den Hausgarten ist ein veredelter Walnussbaum vorteilhaft, da er kleiner bleibt und eher fruchtet als ein Sämling.

Wenn nicht, asten Sie die nächsten ein, zwei Jahre in der beschriebenen Weise auf. Weist der Mitteltrieb einen starken, steilen Konkurrenztrieb auf, ergibt sich auf Dauer eine Doppelmitte, die im Alter leicht zum Ausbrechen einer Baumhälfte führen kann. Entfernen Sie deshalb in den ersten drei bis vier Jahren immer wieder jeweils den Konkurrenztrieb des Mitteltriebes.

Alte Walnussbäume Sind im Alter wegen der Kronengröße Schnitte erforderlich, dann schneiden Sie am besten Ende August/Anfang September. In dieser Zeit tritt beim Walnuss aus den Wunden kein Saft aus, aber es kostet Sie vermutlich ein paar Nüsse. Möchten Sie die Nüsse an den wegzuschneidenden Ästen im Herbst schonen, dann schneiden Sie im März. Der austretende Saftstrom stoppt nach einigen Tagen. An großen Wunden kann der äußere Rand zum Schutz des Kambiums verstrichen werden.

▸ Haselnuss

Haselnüsse (*Corylus avellana*) sind robuste einheimische Sträucher, die 4 bis 6 m hoch werden können. Männliche und weibliche Blüten sitzen auf einem Strauch, sind aber getrennt. Die männlichen Blüten, die Kätzchen hängen an den Spitzen der einjährigen Seitentriebe und läuten den Frühling ein. Die kleinen, weiblichen, roten Blüten sitzen auf dem gleichen Strauch meistens unscheinbar in der hinteren Hälfte der einjährigen Seitentriebe. Zur besseren Befruchtung brauchen Haselnüsse zwei verschiedene Sorten.

Haselnusssträucher sind sehr starkwüchsig und werden in der Regel als Naturstrauch belassen. Alle drei, vier Jahre werden einige der ältesten Triebe am Boden entfernt. Dadurch wachsen immer wieder junge Triebe nach. Legen Sie mehr Wert auf einen guten Ernteertrag, können Sie ihn allerdings durch regelmäßigen Schnitt unterstützen.

Schnitt Belassen Sie sieben bis acht Grundtriebe. Alle anderen werden regelmäßig am besten schon im Sommer entfernt. Die Nüsse bilden sich überwiegend an einjährigen Seitentrieben. Der Schnitt sollte also die regelmäßige Bildung neuer Seitentriebe fördern. Kürzen Sie einen Haupttrieb und auch starke, mehrjährige Seitentriebe ein, in dem Sie jeweils auf einen weiter unten sitzenden Seitentrieb umlenken. Führen Sie die Schnittmaßnahmen im März durch, wenn Sie an den roten weiblichen Blüten die fruchtbringenden Zweige erkennen können.

TIPP

Haselnusssträucher stellen keine großen Ansprüche an den Boden. Sie bevorzugen aber einen sonnigen und windgeschützten Standort. Hier reifen Sie zwischen September und Oktober.

Verschiedene Haselnusssorten

Strauchartiges Wildobst

Schon der Name lässt ahnen, dass man bei Wildobst dem Wachstum freien Lauf lässt. Inzwischen wurden aber einige Wildobstarten auf größere Früchte hin gezüchtet. Sie können die Zuchterfolge durch Schnittmaßnahmen etwas unterstützen sowie durch Schnittmaßnahmen die Fruchtgröße fördern und die Qualität verbessern.

▸ Schwarzer Holunder *(Sambucus nigra)*

Während der wilde Holunder jahrelang ohne Schnitt seine Ernte bringt, empfiehlt es sich, die großfrüchtigen Kultursorten jährlich stark zurückzuschneiden. Diese Kultursorten werden angebaut, um Saft und Lebensmittelfarbstoff zu gewinnen. Man erzieht vorwiegend Meterstämme. Bei den Jungpflanzen wird jeweils nur ein Trieb belassen und auf etwa 1,20 bis 1,40 m eingekürzt. Die oberen Knospen treiben mit vier bis fünf starken Jahrstrieben aus. Diese Jahrestriebe tragen in ihren Spitzen bereits Blütenknospen, die im nächsten Sommer fruchten. Parallel zur Fruchtbildung wachsen neue Langtriebe, die die Ernte im folgenden Jahr sichern. Die abgeernteten Fruchtruten werden im Winter auf kurze Zapfen zurückgeschnitten. Jeder Zapfen erbringt wieder mehrere lange Jahrestriebe von etwa 1,20 bis 2,00 m Länge, die im übernächsten Jahr beerntet werden können.

Da die besten Früchte am einjährigen Langtrieb wachsen, wird der Holunder in diesem strengen zweijährigen Rhythmus erzogen. Die Krone enthält immer nur sechs bis zwölf ein- und zweijährige Triebe. Die einjährigen Ruten bringen im nächsten Jahr Früchte, die abgetragenen Ruten werden im Winter auf Stummel geschnitten und bringen neue Langtriebe.

Schwarzer Holunder

***Strauch mit wenigen Bodentrieben:** Triebe werden durch Umlenken auf tiefer stehende Seitentriebe eingekürzt. Hauptäste werden im vorderen Drittel auf tiefer stehende Seitenäste umgelenkt.*

▸ Weitere Wildobststräucher

Bei keiner anderen Wildobstart wenden wir den intensiven Schnitt des Holunders an.

Sträucher mit vielen Bodentrieben Es gibt zahlreiche Straucharten, die von Natur aus viele Bodentriebe bilden und in der Regel an ein- und mehrjährigen Seitentrieben fruchten. Zu ihnen gehören zum Beispiel Sanddorn, Schlehe,

Wildrose, Apfelbeere, Scheinquitte und Sauerdorn (Berberitze).
Bei dieser Gruppe beginnen Sie ab dem vierten, fünften Standjahr jährlich ein bis zwei der ältesten Haupttriebe am Boden zu entfernen. Damit verjüngen Sie regelmäßig und großzügig das Fruchtholz und regen das Wachstum neuer Bodentriebe an. Steht beim Anpflanzen von Wildobst der Naturschutzgedanke im Vordergrund, kommt es nicht so sehr auf die Fruchtqualität und die Leichtigkeit der Ernte an. Dann können die Sträucher auch viele Jahre ungeschnitten bleiben und mit der Dichte ihres Astwerkes Schutzräume für Vögel und Kleintiere bieten.

Sträucher mit wenigen Bodentrieben Eine andere Strauchgruppe wächst mit wenigen Bodentrieben. Die Kronen entwickeln sich langsam. Die Früchte sitzen überwiegend an mehrjährigen, kürzeren Seitentrieben. Zu ihnen gehören zum Beispiel Felsenbirne, Kornelkirsche und Zibarte.
Aus Felsenbirne und Kornelkirsche können Sie Marmeladen herstellen, Zibarte wird ausschließlich zu Schnaps und Likör verarbeitet.
Diese Gruppe behält ihr Hauptastgerüst dauerhaft. Innerhalb der Haupttriebe kürzen Sie alle zwei, drei Jahre das vordere Drittel oder Viertel ein, indem Sie auf einen tiefer stehenden Seitentrieb umlenken. Alle vier bis fünf Jahre kann einer der ältesten Haupttriebe entweder auf einen jungen, starken Seitenast im unteren Strauchdrittel (Basistrieb) umgelenkt oder direkt bodeneben entfernt werden.

Aronia-Blüten *(Apfelbeere)*

Baumartiges Wildobst

▸ Vogelbeere

Sorbus aucuparia kennen viele als einheimischen, mittelgroßen Baum. Er wächst gern an Waldrändern, häufig wird er auch im öffentlichen Grün verwendet.

▸ Mährische Eberesche

Weniger bekannt ist die essbare Mährische Eberesche (*Sorbus aucuparia* 'Edulis'). Sie ist großfrüchtiger als die heimische Art und kann zu Schnaps, Wein, Likör, Saft oder Marmelade verarbeitet werden.
Die Mährische Eberesche wird etwa 15 m hoch. Extrem starke Konkurrenzäste des Mitteltriebes sollten in den drei ersten Jahren entfernt werden. Der Stamm wird während der ersten drei bis vier Jahre auf die gewünschte Höhe aufgeastet (siehe Walnuss). Darüber hinaus gibt es weitere einheimische Vogelbeerarten, die wertvolles Nährgehölze für die Vögel sind. Da sind vor allem *Sorbus intermedia* (Schwedische Mehlbeere oder Oxelbeere), *Sorbus torminalis* (Elsbeere) und *Sorbus aria* (Mehlbeere) zu nennen. Schnitte beschränken sich auf das Aufasten der Stämme.

▸ Speierling

Sorbus domestica kommt sehr selten vor. Der Baum kann im Alter stattliche Ausmaße von 15 m Höhe und 10 m Breite erreichen. Sein Laub ähnelt dem der Vogelbeere und hat eine intensive orangegelbe Herbstfärbung. Die Früchte sind 3 bis 4 cm lang und birnenförmig. Roh sind sie aufgrund ihrer extremen Säure ungenießbar. Beim Vergären von Apfelwein leisten sie jedoch wertvolle Dienste als Farb- und Geschmacksverbesserer.

Kirschpflaume

Der Speierling wächst in der Jugend sehr langsam. Er gedeiht nur im Obst- und Weinbauklima und braucht kalk- und nährstoffreiche, tiefgründige Böden. Der Schnitt beschränkt sich auf das Aufasten des Stammes.

Traubenkirsche

Die Traubenkirsche *Prunus padus* ist in unseren Auenwäldern verbreitet. Seltener trifft man sie im Park oder Garten. Der Baum wächst oft mehrstämmig und erreicht etwa 15 bis 20 m Höhe. Die weißen, langen Blütenrispen erscheinen im Mai und verströmen einen betörenden Duft. Im Frühsommer erscheinen kugelige, erbsengroße, schwarzrote Früchte. Sie können zu Saft, Essig und Marmelade verarbeitet werden – Traubenkirschenmarmelade ist ein Genuss! Schnitte beschränken sich auf das Aufasten des Stammes.

Wildpflaume

Als Wildpflaumen bezeichnet man allgemein die Früchte, die sich auf ausgewachsenen Unterlagen von Pflaumen und Zwetschen bilden. Stirbt die Edelsorte von Pflaumen oder Zwetschen ab, oder werden Bodenausschläge der Unterlage nicht rechtzeitig entfernt, entwickelt sich ein großer Strauch oder Baum, der ab dem vierten bis fünften Jahr gelbe oder gelbrote, runde Früchte trägt. Die Früchte sind essbar und besonders zur Herstellung von Säften und Marmeladen bestens geeignet.
Einige Wildpflaumarten, wie zum Beispiel die Haferpflaume *(Prunus domestica* ssp. *insititia*), werden speziell für die Schnapsbrennerei verwendet.

Blutpflaume

Prunus cerasifera 'Nigra' ist als Ziergehölz wegen ihres dunkelroten Laubes im Garten sehr begehrt. Nach vier, fünf Jahren überrascht sie den Besitzer mit runden, dunkelroten Früchten, die frisch essbar sind und zu Marmelade oder Saft verarbeitet werden können.

Jahresarbeitskalender

Januar

Allgemein
Bei frostfreiem Wetter ist jetzt die beste Pflanzzeit für Obstgehölze . Der Pflanzschnitt ist vor allem bei Halb- und Hochstämmen wichtig. Steile Konkurrenzäste des Mitteltriebes werden entfernt. Drei Leitäste und der Mitteltrieb werden etwa um ein Drittel bis zur Hälfte gekürzt.
Kranke und verletzte Wurzeln werden entfernt oder eingekürzt.

Apfel und Birne
Für das Umveredeln alter Bäume werden Edelreiser der gewünschten Sorte geschnitten.
An frostfreien Tagen können bereits Rundkronen auf Hoch- und Halbstämmen sowie Buschbäume geschnitten werden. Beim Aufbau der Krone werden Mitteltrieb und Leitäste (Gerüstäste) eingekürzt und ihre Konkurrenzäste entfernt. Beim Erhaltungsschnitt entfernen Sie einen Teil des alten, kurztriebigen Fruchtholzes. Beim Verjüngungsschnitt wird stärker in das Gerüst des Baumes eingegriffen.
Achten Sie darauf, dass alle mit Mehltau (weißer, mehliger Belag) befallenen Triebe bis in das gesunde Holz zurückgeschnitten werden, da der Pilz sonst im Frühjahr den Neuzuwachs infiziert.

Süßkirsche
Da Süßkirschen früher als Äpfel und Birnen austreiben, sollten Veredlungsreiser nur noch bis Mitte dieses Monats geschnitten werden.

Zwetsche
Um Frostrisse zu vermeiden, werden die Stämme mit Kalkbrühe geweißt. An frostfreien Tagen können Rundkronen auf Hoch-, Halbstämmen und Buschbäume wie bei Apfel/Birne beschrieben, geschnitten werden. Lassen Sie beim Entfernen älterer Äste immer einen Zapfen stehen.

Wildobst
An frostfreien Tagen können Sie Bäume und Sträucher nach Bedarf schneiden.

Februar

Apfel und Birne
Alte Bäume, die umveredelt werden, können Sie jetzt abwerfen (starker Rückschnitt der Krone).
Bei allen Rundkronen ist jetzt die Hauptschnittzeit für Aufbau-, Erhaltungs- und Verjüngungsschnitte.
Bei Spindelbäumen beginnt jetzt der Erziehungs- und Erhaltungsschnitt. Starke, steile Äste entlang des Mitteltriebes werden herausgeschnitten. Bei Bedarf wird die Anzahl der Seitentriebe reduziert. Sind Fruchtäste dicker als der Mitteltrieb, werden sie entfernt.
In diesem Monat kann bei starkem Baumwachstum noch ein einseitiger Wurzelschnitt durchgeführt werden. Bei Spalierbäumen findet der Erziehungsschnitt statt. Entfernen Sie die Konkurrenztriebe der Mitte und kürzen Sie den Mitteltrieb ein.

Süßkirsche
Bäume, die umveredelt werden, werfen Sie jetzt ab.
Bei allen Pyramidenkronen kann der Aufbau- und Erziehungsschnitt durchgeführt werden.

Zwetsche
Schnittarbeiten werden fortgesetzt.

Pfirsich, Nektarine und Sauerkirsche
Schneiden Sie diese Obstarten am besten während ihrer Blütezeit. Für einen ausreichend Triebzuwachs wird jährlich ein Teil des Fruchtholzes entfernt.
Dazu werden die Leittriebe und deren Seitentriebe auf tiefer stehende Triebe eingekürzt.

Johannisbeere und Stachelbeere
Bei Beerensträuchern findet jetzt der Aufbau- und Erhaltungsschnitt statt. Am Spalier wird die Anzahl der Jahrestriebe und alten Leittriebe ebenfalls reguliert.
Bei Stämmchen brechen zu lange Leitäste leicht aus der Krone aus. Sie und ihre mehrjährigen Seitentriebe werden regelmäßig auf tiefer stehende Seitentriebe eingekürzt.

Heidelbeere
Dreijähriges und älteres Fruchtholz wird herausge-

brochen oder geschnitten. Seitentriebe der Leitäste werden bis auf Kniehöhe entfernt.

Gerüsthimbeere
Ist eine ausreichende Zahl Jahresruten vorhanden, bleiben auf 1 m zehn mittelstarke Ruten stehen, alle anderen werden bodeneben ohne Stummel abgeschnitten.

Herbsthimbeere
Schneiden Sie alle Ruten bodeneben ab, um einen einmaligen, höheren Ertrag zu erhalten.

Kiwi
Lange Seitentriebe werden auf wenige Knospen eingekürzt. Seitentriebe, die im letzten Jahr Früchte getragen haben, werden direkt an einem Seitentrieb abgeschnitten, der bisher nicht gefruchtet hat. Leittriebe werden nach Bedarf reduziert und eingekürzt.

Haselnuss
An frostfreien Tagen können Sie die Sträucher nach Bedarf auslichten. Die ältesten Triebe werden bodeneben abgeschnitten.

Wildobst
An frostfreien Tagen können Sie Bäume und Sträucher nach Bedarf schneiden.

***Blühender** einjähriger Pfirsichzweig*

März

Allgemein
Pflanzungen sollten bis Mitte des Monats abgeschlossen sein. Baum- und Strauchrodungen sind ab 1. März nach dem Naturschutzgesetz verboten.

Apfel und Birne
Alle Aufbau- und Erhaltungsschnitte bei Pyramidenkronen, Spindelbäumen und Spalierbäumen werden in diesem Monat abgeschlossen.

Süßkirsche
Alle Aufbau- und Erhaltungsschnitte bei Pyramidenkronen werden in diesem Monat abgeschlossen.

Zwetsche, Pfirsich, Nektarine und Sauerkirsche
Schnittarbeiten werden wie bereits im Februar fortgesetzt und abgeschlossen.

Johannisbeere, Stachelbeere, Heidelbeere und Gerüsthimbeere
Schnittarbeiten werden wie bereits im Februar fortgesetzt und abgeschlossen.

Herbsthimbeere
Alle Ruten werden vor dem Austrieb der neuen bodeneben abgeschnitten.

Brombeere
Beginnen Sie mit dem Schnitt erst nach allen starken Frösten. Belassen Sie die besten drei bis vier Ruten und schneiden Sie alle anderen bodeneben ab. Die vorzeitigen Seitentriebe der Ruten werden auf ein bis zwei Knospen eingekürzt. Zu dicht stehende Seitentriebe werden ganz entfernt.

Kiwi
Schnittarbeiten werden fortgesetzt.

Weinrebe
Alle einjährigen Seitentriebe der Haupttriebe werden auf ein bis zwei Knospen eingekürzt.

April

▸ Apfel, Birne und Süßkirsche
Das Umveredeln alter Bäume findet jetzt, nach dem Austrieb der Bäume, statt. Die abgeworfenen Bäume werden noch einmal nachgeschnitten. Ein Edelreis mit vier bis fünf Knospen erhält einen langen, schrägen Schnitt und wird hinter die Rinde gepfropft.

▸ Aprikose
Schneiden Sie Aprikosen wegen der Baumgesundheit grundsätzlich erst nach dem Austrieb. Aus der Hohlkrone und dem Fächerspalier werden zu dicht stehende Fruchtäste entfernt und die Leitäste leicht eingekürzt. Mehrjährige Seitentriebe werden regelmäßig auf Verzweigungen zurückgeschnitten.

▸ Brombeere
Schnittarbeiten werden fortgesetzt und abgeschlossen. Triebstücke, die nicht mehr austreiben und erfroren sind, werden ganz entfernt.

▸ Kiwi und Weinrebe
Schnittarbeiten werden fortgesetzt und abgeschlossen.

Mai

▸ Apfel und Birne
In Höhenlagen können Bäume auch jetzt noch umveredelt werden. Erste Triebe, die mit Mehltau befallen sind, werden bis in das gesunde Holz eingekürzt.

▸ Süßkirsche
Bei Spindelbäumen werden ab Mitte des Monats alle Aufbau- und Erhaltungsschnitte durchgeführt. Steil abgehende Äste entlang des Mitteltriebes werden im krautigen Zustand entfernt. In den Spitzen entstehen wegen der starken Dominanz bei Kirsche steile Astquirle. Konkurrenzäste des Mitteltriebes und der Fruchtäste werden entfernt. Mehrjährige, fruchttragende Seitenäste können Sie auf tiefer stehende umlenken.

▸ Zwetsche
Entfernen Sie durch Reißen ab Mitte des Monats bei allen Baumformen steile Wasserschosse entlang des Mitteltriebes, auch bereits im krautigen Zustand. Aufbau- und Erziehungsschnitte können wegen der Baumgesundheit bereits jetzt ausgeführt werden. Konkurrenzäste des Mitteltriebes und der Leittriebe können schon im krautigen Zustand entfernt werden.

▸ Sauerkirsche
Sauerkirschtriebe, die mit Monilia befallen sind, werden bis in die gesunden Blätter eingekürzt.

▸ Aprikose
Schnittarbeiten werden fortgesetzt.

▸ Kiwi und Weinrebe
Bei der Spaliererziehung können steile Konkurrenztriebe entlang des Mitteltriebes, die nicht in das Spalier einbezogen werden, zu Beginn des Austriebes im krautigen Zustand entfernt werden.

Juni

▸ Apfel und Birne
Triebe, die mit Mehltau befallen sind, werden bis in die gesunden Blätter eingekürzt. Bei Spindelbäumen werden steile Wasserschosse entlang des Mitteltriebes jetzt bereits im krautigen Zustand entfernt. Schneiden Sie an Birnenspalieren von den neu hinzugewachsenen Seitentrieben zu dicht stehende oder zur Wand gerichtete heraus. Neue senkrechte Triebe werden jetzt auf sieben bis acht Blätter eingekürzt.

▸ Süßkirsche
Bei Spindelbäumen werden alle Aufbau- und Erhaltungsschnitte durchgeführt und abgeschlossen. Kurztriebe, die mit Monilia befallen sind, werden entfernt.

▸ Zwetsche
Steile Wasserschosse entlang des Mitteltriebes werden bei allen Baumformen weiterhin im krautigen

Zustand durch Reißen entfernt. Aufbau- und Erziehungsschnitte werden fortgesetzt.

Sauerkirsche

Triebe, die mit Monilia befallen sind, werden bis in die gesunden Blätter eingekürzt.

Aprikose

Schnittarbeiten werden fortgesetzt und abgeschlossen. An Spalieren werden neue Austriebe, die zu dicht stehen oder zur Wand gerichtet sind, entfernt. Neue senkrechte Triebe können auf ca. acht Blätter eingekürzt werden und bilden über Sommer kurzes Fruchtholz.

Brombeere

Die vielen neuen Austriebe aus dem Boden können Sie entfernen. Erhalten Sie nur fünf bis sechs Triebe für die nächstjährige Ernte.

Kiwi

Bei der Spaliererziehung können steile Konkurrenztriebe entlang des Mitteltriebes, die nicht in das Spalier einbezogen werden, zu Beginn des Austriebes im krautigen Zustand entfernt werden. Alle neu zugewachsenen Triebe der Kiwi können bis auf vier bis fünf Blätter vor den Früchten eingekürzt werden

Weinrebe

Alle neu zugewachsenen Triebe der Rebe können bis auf vier bis fünf Blätter vor den Früchten eingekürzt werden. Brechen Sie schwache, neue Triebe, die nicht blühen und keine Früchte tragen werden, aus. Bei der Spaliererziehung können steile Konkurrenztriebe entlang des Mitteltriebes, die nicht in das Spalier einbezogen werden, zu Beginn des Austriebes im krautigen Zustand entfernt werden.

Süßkirsche *'Schneiders Späte Knorpel'*

Walnuss

Niedrige Äste entlang des Stammes werden auf 20 bis 30 cm eingekürzt.

Juli

Birne

Kürzen Sie jetzt an Birnenspalieren neue senkrechte Triebe auf zwei Blätter hinter dem Junischnitt ein.

Süßkirsche, Sauerkirsche

In frühen Lagen können wegen der Baumgesundheit nach der Ernte an allen Baumformen Aufbau- und Erziehungsschnitte gemacht werden. Sind mehrjährige Äste zu entfernen, werden sie grundsätzlich immer auf einen Zapfen geschnitten.

Gerüsthimbeere

Schneiden Sie die abgeernteten Ruten nach der Ernte bodeneben ab.

Kiwi

Alle Triebe der Kiwi können ein zweites Mal bis auf vier bis fünf Blätter vor den Früchten eingekürzt werden.

Weinrebe

Alle Triebe können ein zweites Mal bis auf vier oder fünf Blätter vor den Früchten eingekürzt werden. Schwache, neue Triebe, die keine Früchte tragen und über Sommer immer wieder entstehen, werden ausgebrochen.

Walnuss

Kürzen Sie niedrige Äste entlang des Stammes auf 20 bis 30 cm ein.

August

▸ Allgemein
Beenden Sie die Formierungsarbeiten, bevor die Entwicklung der jungen Triebe abgeschlossen ist. Mit einem Sommerschnitt gegen Ende des Monats verbessern Sie die Belichtung innerhalb der Gehölze.

▸ Apfel und Birne
Ab Mitte des Monats können sie in Spindelbäumen Langtriebe entfernen, die keine Früchte tragen und für den Kronenaufbau nicht erforderlich sind. An Birnenspalieren werden neue senkrechte Triebe auf zwei Blätter hinter dem Junischnitt eingekürzt.

▸ Süßkirsche und Sauerkirsche
Wegen der Baumgesundheit können nach der Ernte an allen Baumformen Aufbau- und Erziehungsschnitte gemacht werden. Sind mehrjährige Äste zu entfernen, werden sie immer auf einen Zapfen geschnitten.

▸ Zwetsche
Wegen der Baumgesundheit können nach der Ernte an allen Baumformen Aufbau- und Erziehungsschnitte gemacht werden. Sind mehrjährige Äste zu entfernen, werden sie grundsätzlich auf einen Zapfen geschnitten. Bei Spindelbäumen werden ab der zweiten Monatshälfte steile Jahrestriebe, die sich auf den Fruchtästen bilden, bis auf zwei bis vier Knospen eingekürzt.

▸ Aprikose
Wegen der Baumgesundheit können nach der Ernte an allen Baumformen Aufbau- und Erziehungsschnitte durchgeführt werden. Sind mehrjährige Äste zu entfernen, werden sie grundsätzlich immer auf einen Zapfen geschnitten. Aus der Hohlkrone und dem Fächerspalier werden zu dicht stehende Fruchtäste entfernt und Leitäste leicht eingekürzt. Mehrjährige Seitentriebe werden regelmäßig auf Verzweigungen eingekürzt.

▸ Gerüsthimbeere
Die abgeernteten Ruten werden am Ende der Ernte bodeneben abgeschnitten.

▸ Kiwi und Weinrebe
Alle Triebe können ein zweites Mal bis auf vier bis fünf Blätter vor den Früchten eingekürzt werden.

September

▸ Apfel und Birne
Schnittarbeiten werden fortgesetzt und beendet.

▸ Süßkirsche, Zwetsche und Aprikose
Schnittarbeiten werden fortgesetzt und beendet.

Walnuss
Bei Jungbäumen wird der Stamm aufgeastet. Erhaltungsschnitte werden durchgeführt.

Oktober

▸ Johannisbeere und Stachelbeere
Neue Sträucher können Sie jetzt pflanzen. Achten Sie bei selbst gezogenem Material, das noch sehr wenige Triebe hat, darauf, dass die untersten Triebteile der Erde stehen.

▸ Brombeere
Die abgeernteten Ruten werden am Ende der Ernte bodeneben abgeschnitten.

***Herbstzeit** ist Erntezeit*

November

Allgemein
Nach dem Laubfall können Sie beginnen, Obstgehölze zu pflanzen. Der Pflanzschnitt ist vor allem bei Halb- und Hochstämmen wichtig. Steile Konkurrenzäste des Mitteltriebes werden entfernt. Drei Leitäste und der Mitteltrieb werden etwa um ein Drittel bis zur Hälfte gekürzt. Kranke und verletzte Wurzeln werden entfernt oder eingekürzt. An allen Obstbäumen werden wegen der Baumgesundheit alle kranken Fruchtmumien entfernt. Legen Sie an allen Baumstämmen vor den ersten Frösten Leimringe an, um sie vor Frostspannern zu schützen.

Apfel
Bei sehr stark wachsenden Spindelbäumen können Sie jetzt mit einseitigem Wurzelschnitt beginnen, um das Wachstum zu bremsen.

Herbsthimbeeren
Alle Ruten können nach der Ernte bodeneben, ohne Stummel, abgeschnitten werden. Die Triebe im nächsten Frühjahr wachsen aus Knospen nach, die an den Wurzeln sitzen.

Dezember

Allgemein
Bei frostfreiem Wetter ist jetzt die optimale Pflanzzeit. Pflanzschnitte werden nach Bedarf ausgeführt. Für Rundkronen werden steile Konkurrenzäste des Mitteltriebes entfernt. Drei Leitäste und der Mitteltrieb werden etwa um ein Drittel bis zur Hälfte gekürzt. Kranke und verletzte Wurzeln werden entfernt oder eingekürzt.
Bei wurzelnackten Beerensträuchern werden die besten drei bis vier Triebe auf etwa die Hälfte gekürzt und alle anderen bodeneben abgeschnitten. Obstgehölze im Container oder mit Erdballen werden zur Pflanzung in der Regel nicht geschnitten.
Wegen der Baumgesundheit werden an allen Obstbäumen kranke Fruchtmumien entfernt. Steinobst sollte wegen der Baumgesundheit im Sommer oder näher am Austrieb geschnitten werden.

Apfel und Birne
Für das Umveredeln alter Bäume werden Edelreiser der gewünschten Sorte geschnitten.
An frostfreien Tagen kann mit dem Winterschnitt an Rundkronen auf Hoch-, Halbstämmen und Buschbäumen begonnen werden. Beim Aufbau der Krone werden Mitteltrieb und Leitäste (Gerüstäste) eingekürzt und ihre Konkurrenzäste entfernt.
Beim Erhaltungsschnitt entfernen Sie einen Teil des alten, kurztriebigen Fruchtholzes. Beim Verjüngungsschnitt wird stärker in das Gerüst des Baumes eingegriffen. Beachten Sie, dass der Winterschnitt das Wachstum stärker anregt als ein Schnitt im August oder September. Ist das Wachstum sehr stark, sollten Sie prüfen, ob die Schnitte in den Sommer verschoben werden können.

Süßkirsche
Für das Umveredeln alter Bäume ist jetzt die beste Zeit, Edelreiser der gewünschten Sorte zu schneiden.

Johannisbeere und Stachelbeere
Bei Beerensträuchern findet jetzt der Aufbau- und Erhaltungsschnitt statt. Beste einjährige Bodentriebe werden in das Gerüst aufgenommen. Schwache Bodentriebe und alte, mehrjährige Leittriebe werden bodeneben abgeschnitten. Alle Seitentriebe werden bis Kniehöhe entfernt. Am Spalier wird die Anzahl der Jahrestriebe und alten Leittriebe ebenfalls reguliert. Seitentriebe, die Früchte getragen haben, werden grundsätzlich auf kurze Stummel eingekürzt. Bei Stämmchen brechen zu lange Leitäste leicht aus der Krone aus. Sie und ihre mehrjährigen Seitentriebe werden regelmäßig auf tiefer stehende Seitentriebe eingekürzt.

Wildgehölze
An frostfreien Tagen können Sie Bäume und Sträucher nach Bedarf schneiden.

Jahresarbeiten im Überblick – sortiert nach Obstarten

Obstart	Kronenform	Schnittarbeit	Schnittzeitpunkt
Kernobst			
Apfel, Birne	*Pyramidenkrone, Hohlkrone*	*Aufbau-, Erhaltungs- und Verjüngungsschnitt*	*Januar und Februar*
		Edelreiser für Umveredeln	*Dezember und Januar*
		Abwerfen zum Veredeln	*Januar und Februar*
		Umveredeln	*April und Mai*
	Spindel	*Langtriebe entfernen, die für Kronenaufbau nicht erforderlich sind*	*Ende August bis Anfang September*
		Aufbau- und Erhaltungsschnitt	*Februar und März*
		Kranke Fruchtmumien herausschneiden	*November und Dezember*
		Wurzelschnitt, einseitig	*November bis Februar*
	Spalier	*Mehltaubefallene Triebe herausschneiden*	*Jederzeit, wenn sichtbar*
		Konkurrenztriebe der Mitte	*Ende August bis Anfang September oder Februar und März*
		Langtriebe auf Stummel kürzen	*Mai bis Anfang Juni*
		Aufbau- und Erhaltungsschnitt	*Ende August bis Anfang September*
		Anschneiden der Mitte	*Februar und März*
Quitte, Mispel, Nashi	*Pyramidenkrone, Hohlkrone*	*Aufbau- und Erhaltungsschnitt*	*Ende August bis Anfang September oder Februar und März*
Steinobst			
Süßkirsche	*Pyramidenkrone*	*Aufbau- und Erhaltungsschnitt*	*Ende August bis Anfang September oder Februar und März*
	Spindel	*Aufbau- und Erhaltungsschnitt*	*Mai und Juni oder Ende August bis Anfang September*
Zwetsche	*Pyramidenkrone*	*Aufbau- und Erhaltungsschnitt*	*Januar und Februar*
	Tellerkrone	*Entfernen von überflüssigen Langtrieben*	*Im krautigen Zustand: Mai und Juni, Anfang August bis Anfang September oder Januar und Februar*
		Langtriebe auf Stummel setzen	*Mitte August bis Mitte September*
	Spindel	*Aufbau- und Erhaltungsschnitt*	*Januar und Februar*
		Langtriebe auf Stummel setzen	*Mitte August bis Mitte September*
Pfirsich, Sauerkirsche, Nektarine	*Hohlkrone, Tellerkrone*	*Aufbau- und Erhaltungsschnitt*	*Februar und März oder während der Blüte*

Obstart	Kronenform	Schnittarbeit	Schnittzeitpunkt
Steinobst (Fortsetzung)			
Aprikose	*Hohlkrone, Spalier*	*Aufbau- und Erhaltungsschnitt*	*Mitte April bis Mitte Juni oder Mitte August bis Mitte September*
Beerenobst			
Johannisbeere, Stachelbeere	*Strauch, Stämmchen, Spalier*	*Aufbau- und Erhaltungsschnitt*	*Nach starken Frösten im Februar und März*
Schwarze Johannisbeere	*Strauch*	*Aufbau- und Erhaltungsschnitt*	*Nach starken Frösten im Februar und März*
Heidelbeere	*Strauch*	*Aufbau- und Erhaltungsschnitt*	*Nach starken Frösten im Februar und März*
Gerüsthimbeere		*Entfernen abgetragener Ruten*	*Direkt nach der Ernte*
		Auslichten der Jahresruten	*Nach dem Laubfall bis Februar*
		Einkürzen der Jahresruten	*Nach starken Frösten im Februar oder März*
Herbsthimbeere		*Entfernen abgetragener Ruten*	*Nach der Ernte oder im Februar oder März vor dem Neuaustrieb*
Brombeere		*Entfernen abgeernteter Ruten*	*Nach der Ernte*
		Reduzieren der Jahresruten	*August und September oder nach starken Frösten im Februar oder März*
		Einkürzen der vorzeitigen Seitentriebe	*Februar und März*
Kiwi	*Spalier*	*Aufbau- und Erhaltungsschnitt am Grundgerüst*	*Nach starken Frösten im Februar oder März*
		Einkürzen von Langtrieben und langen Seitentrieben	*Mehrmals von Juni bis August*
Weinrebe	*am Drahtgerüst*	*Erhaltungsschnitt*	*Februar bis April vor dem Knospenschwellen*
		Laubarbeiten: Entfernen von Geiztriebe. Einkürzen von Fruchtruten	*Mehrmals von Juni bis August*
Schalenobst			
Walnuss	*Baum*	*Aufasten: Einkürzen*	*Juni und Juli*
		Aufasten: Ast entfernen	*September*
		Aufbau- und Verjüngungsschnitt	*September*
Haselnuss	*Strauch*	*Aufbau- und Erhaltungsschnitt*	*Januar und Februar vor Blüte*
Wildobst			
verschiedene Arten	*Strauch, Baum*	*Aufbau- und Erhaltungsschnitt*	*Januar bis März*

Sortenempfehlungen

Sorte	Reifezeit	Sonstiges
Äpfel		
Widerstandsfähige Sorten		
Tafeläpfel	**Anfang August–Mitte Oktober**	
Piros	*früh*	*sehr aromatisch, saftig, süßsäuerlich, sehr robust*
Sommerregent	*früh*	*gelbrot gestreift, knackig, saftig, wenig Aroma*
Boskoop	*spät*	*gelbrot, säuerlich, vielseitig verwendbar, robust*
Pilot	*spät*	*gelbrot, sehr fest, lange lagerbar, aromatisch, robust*
Pinova	*spät*	*gelbrot, fest, gut lagerbar, aromatisch, robust*
Mostäpfel		***weitere regionale Sorten vor Ort erfragen***
Bittenfelder	*früh*	*grüngelb, klein, sehr fest, robust, saftig*
Weirouge	*mittel*	*neue Sorte, Apfelsaft ist rot, robust, noch nicht verbreitet*
Bohnapfel	*mittel – spät*	*gelb, teilweise rot marmoriert, mittelgroß, robust, sehr gut lagerbar*
Börtlinger Weinapfel	*mittel – spät*	*gelbgrün mit dunkelroter Backe, klein, robust*
Brettacher	*mittel – spät*	*gelbgrün mit braunroter Backe, groß, saftig, robust*
Hauxapfel	*mittel – spät*	*gelbgrün, geflammtes Rot, groß, gut lagerbar, robust*
Schorffeste Sorten		
Tafeläpfel		
Rajka	*mittel*	*leuchtendrot, fest, süßsäuerlich, gut lagerfähig*
Resi	*mittel*	*gelbrot gestreift, mittleres Aroma,*
Santana	*mittel*	*gelbrot, süßsäuerlicher, aromatisch*
Delorina	*spät*	*gelbrot gestreift, fest, gut lagerbar, mittleres Aroma*
Florina	*spät*	*bläulichrot bereift, süßlich, mittleres Aroma*
Otava	*spät*	*gelbgrün, säuerlich, aromatisch,*
Rubinola	*spät*	*rot gestreift, guter Geschmack,*
Topaz	*spät*	*orangerot, fest, aromatisch, saftig, lange lagerbar*
Mostäpfel		
Reanda (Verarbeitungssorte)	*mittel*	*fest, sehr saftig, mäßiger Geschmack, gut lagerbar*
Reglindis (Verarbeitungssorte)	*mittel*	*saftig, süßsäuerlich, mittlerer Geschmack,*
Relinda	*mittel*	*fest, saftig, säuerlich, mäßiger Geschmack, gut lagerbar*
Remo	*mittel*	*fest, sehr saftig, stark säuerlich, mäßiger Geschmack*
Ballerina-Sorten		
Flamenco	*mittel*	*Blüte rosa, rotgrüne große Früchte, fest, süß*
Maypole	*mittel*	*hoher Zierwert: karminrote Blüte, rotes Laub, kleine, rote Früchte*
Polka	*mittel*	*Blüte rosa, Früchte grünrot, saftig, guter Geschmack*
Waltz	*spät*	*Blüte weiß-purpur, Früchte: süß, saftig, dunkelrot*
Birnen	**Mitte August–Ende Oktober**	
Williams Christbirne	*früh*	*saftig, süß, gutes Aroma*
Alexander Lukas	*mittel*	*große Früchte, saftig, süß-säuerlich*

Sorte	Reifezeit	Sonstiges
Birnen (Fortsetzung)	**Mitte August–Ende Oktober**	
Bosc's Flaschenbirne	*mittel*	*saftig, gutes Aroma, robust*
Conference	*mittel*	*sehr saftig, süß aromatisch, robust*
Gellerts Butterbirne	*mittel*	*sehr guter Geschmack, trägt unregelmäßig*
Harrow Sweet	*mittel*	*fest, saftig, süß, robust gegenüber Feuerbrand*
Vereinsdechantsbirne	*mittel*	*große Früchte, sehr saftig, sehr aromatisch*
Zwetschen	**Ende Juli–Mitte Oktober**	**bewährte, ältere Sorten in der Region erfragen**
Katinka	*früh*	*sehr guter Geschmack, gut zum Backen, scharkatolerant*
Zimmers Frühzwetsche	*früh*	*sehr saftig, süß, Frischverzehr, scharkafest*
Ersinger	*früh*	*große Frucht, saftig, würziger Geschmack*
Nancy Mirabelle	*mittel*	*saftig, fein aromatisch, robust, scharkafest*
Miragrande (Mirabelle)	*spät*	*großfrüchtig, saftig aromatisch, robust*
Presenta	*spät*	*saftig, fein aromatisch, scharkatolerant*
Hauszwetsche	*spät*	*fest, saftig, sehr aromatisch, vielseitig verwendbar, empfindlich für Scharka*
Süßkirschen	**Juni/Juli**	**bewährte, ältere Sorten in der Region erfragen**
Merchant	*2.–3. Woche*	*mittelgroß, mittlere Platzfestigkeit,*
Johanna	*3. Woche*	*kleinfrüchtig, platzfest*
Starking Hardy Giant	*4. Woche*	*fest, mittelgroß, relativ platzfest*
Sunburst	*4.–5. Woche*	*selbstfruchtbar, guter Geschmack, mittelfest*
Dönissens gelbe Knorpelkirsche	*5. Woche*	*mittelgroß, gelb,*
Schneiders	*5. Woche*	*mittelgroß, sehr guter Geschmack, relativ platzfest*
Kordia	*5.–6. Woche*	*mittelgroß, platzfest, guter Geschmack*
Hedelfinger Riesenkirsche	*6. Woche*	*groß, festes Fleisch, aromatisch*
Lapins	*6.–7. Woche*	*fest, guter Geschmack, selbstfruchtbar*
Regina	*7. Woche*	*großfrüchtig, fest, guter Geschmack, platzfest*
Sweetheart	*7.–8. Woche*	*mittelgroß, fest, selbstfruchtbar, relativ platzfest*
Sauerkirschen		
Diemitzer Amarelle	*2.–3. Woche*	*mittelgroß, süßsäuerlich*
Morellenfeuer	*5.–6. Woche*	*mittelgroß, milde Säure, guter Geschmack*
Gerema	*8. Woche*	*guter Geschmack, robust gegen Monilia*
Pfirsiche		
Hagrand	*früh*	*groß, orangefleischig, fest, gutes Aroma, robust*
Starcrest	*früh*	*groß, gelbfleischig, fest, sehr gutes Aroma, robust*
Kernechter vom Vorgebirge	*mittel – spät*	*mittelgroß, weißfleischig, aromatisch, säuerlich*
Roter Weinbergspfirsich	*mittel – spät*	*mittelgroß, grünliches Fleisch, aromatisch, gut zum Verarbeiten*
Aprikosen	**Mitte Juli–Mitte August**	
Nancy Aprikose	*mittel*	*groß, saftig, gutes Aroma*
Ungarische Beste	*mittel*	*mittelgroß, saftig, gutes Aroma*
Luizet	*mittel*	*saftig, süß, robust, auch für etwas rauere Lagen*

Sorte	Reifezeit	Sonstiges
Nektarinen	**Mitte August–Anfang September**	**regional bewährte Sorten nachfragen**
Nektarred	*früh*	*orangegelb, mittelgroß, guter Geschmack, süßsäuerlich, für Weinbaulagen*
Roter Ellerstätter	*spät*	*weißlich gelb, mittelgroß, guter Geschmack, süßsäuerlich, auch für offene Lagen*
Quitten	**Mitte September–Mitte Oktober**	
Apfelquitten		
Konstantinopeler	*mittel*	*selbstfruchtbar, sehr robust*
Riesenquitte von Lescovac	*mittel*	*nicht selbstfruchtbar*
Birnenquitten		
Bereczkiquitte	*früh*	*Wärme liebend, selbstfruchtbar, robust*
Champion	*mittel – spät*	*selbstfruchtbar, sehr robust*
Vranja	*mittel – spät*	*nicht selbstfruchtbar, sehr frostempfindlich*
Nashi	**Mitte August–Mitte Oktober**	
Shinsui	*früh*	*stark wachsend, guter Geschmack*
Chojuro	*mittel*	*mittelstark wachsend, guter Geschmack, schorffest*
Hosui	*mittel*	*stark wachsend, gutes Aroma*
Kosui	*mittel*	*sehr stark wachsend, sehr guter Geschmack*
Rote Johannisbeeren	**Ende Juni–Anfang Juli**	
Jonkher van Tets	*früh*	*frühe Standardsorte*
Rolan	*mittel*	*robust, ertragreich*
Rotet	*mittel*	*robust, ertragreich*
Weiße Versailler	*mittel*	*robust, ertragreich*
Rovada	*spät*	*robust, sehr lange Trauben, große Einzelbeere, platzfest*
Heinemanns Spätlese	*sehr spät*	*robust, langtraubig*
Schwarze Johannisbeeren	**Ende Juni–Mitte Juli**	
Bona	*früh*	*sehr groß, milde, aromatische Beere*
Ometa	*mittel*	*mittelgroße, süßere Frucht als Titania, Rost möglich*
Titania	*spät*	*robusteste Sorte*
Stachelbeeren	**Anfang–Ende Juli**	
Rokula	*früh*	*mittelgroß, dunkelrot, mehltaufest*
Remarka	*früh – mittel*	*groß, weinrot, mehltaufest*
Invicta	*mittel*	*groß, gelb-grün, ertragreich*
Captivator	*mittel*	*mittelgroß, dunkelrot, mehltaufest*
Pax	*mittel*	*grün, stachellos, mehltaufest*
Hinnonmäki	*mittel*	*gelb, mittelgroß, mehltaufest*
Rolonda	*spät*	*klein bis mittelgroß, dunkelrot, mehltaufest*
Gerüsthimbeeren	**Ende Juni–Ende Juli**	
Elida	*früh*	*gute Qualität*
Meeker	*früh – mittel*	*mittelgroß, fest*
Rubaca	*mittel*	*mittelgroß, aromatisch, sehr robust gegen Wurzelsterben*
Nootka	*mittel*	*mittelgroß, sehr aromatisch, wenig anfällig für Wurzelsterben*
Glen Ample	*spät*	*groß, geschmackvoll, mittelfest*

Sorte	Reifezeit	Sonstiges
Herbsthimbeeren	**Anfang August–Ende Oktober**	
Autumn Bliss (Blissy)		*groß, mittleres Aroma, resistent gegen Wurzelsterben*
Golden Bliss		*gelbfrüchtige Schwestersorte von Autumn Bliss*
Himbo Top		*groß, sehr aromatisch, fest, robust*
Brombeeren	**Mitte Juli–Ende September**	
Choctaw	*früh*	*sehr großfrüchtig, bedornt, sehr aromatisch*
Loch Ness (Nessy)	*früh – mittel*	*großfrüchtig, dornenlos, aromatisch, mäßiger Wuchs*
Navaho	*mittel*	*großfrüchtig, dornenlos, aromatisch, mäßiger Wuchs*
Heidelbeeren	**Mitte Juni–Ende September**	
Duke	*früh*	*mittelgroß, sehr fest, sehr aromatisch*
Bluecrop	*mittel*	*Standardsorte, mittelgroß, fest, aromatisch*
Elizabeth	*mittel – spät*	*mittelgroß, sehr aromatisch*
Kiwi	**ab Oktober**	
Kleinfrüchtige Kiwi		**mit Schale essbar**
Weiki		*stachelbeergroß, rötlich, sehr aromatisch,*
Ambrosia		*doppelt so groß wie Weiki, grün,*
Großfrüchtige Kiwi		**nicht mit Schale essbar**
Jenny		*klein, sehr gutes Aroma, bedingt selbstfruchtbar*
Hayward		*groß, süßsäuerlich, gutes Aroma*
Weiße Tafeltrauben	**Ende August–Anfang Oktober**	
Bianca	*früh*	*ertragreich, süß, robust*
Birstaler Muskat	*früh – mittel*	*mittelstark, aromatisch, reift über lange Zeit, robust*
Blaue Tafeltrauben	**Ende August–Anfang Oktober**	
Muskat bleu	*früh*	*starkwüchsig, fruchtig aromatisch, robust*
Esther	*früh*	*großfrüchtig, fruchtig, robust*
Walnuss	**Mitte September–Anfang Oktober**	
Esterhazy II		*mittelstark, dünne Schale, sehr guter Geschmack*
Nr. 26		*treibt spät aus, wenig spätfrostgefährdet*
Nr. 1247		*schließt früh ab, wenig winterfrostgefährdet*
Nr. 139		*mittelstark, mittelspäter Austrieb, sehr guter Geschmack*
Haselnuss	**Anfang–Ende September**	
Rotblättrige Lambertnuss	*früh*	*schwach wachsend, sehr intensiver Geschmack*
Hallesche Riesen	*mittel*	*stark wachsend, feiner Geschmack*
Webbs Preisnuss	*mittel*	*mittelstark, süßer, nussiger Geschmack, robust*
Holunder	**Mitte–Ende September**	
Haschberg		*großfrüchtige Auslese*
Sanddorn	**Mitte September**	
Leikora		*mittelgroße Früchte*
Apfelbeere – Aronia	**Mitte August–Mitte Oktober**	
Aron, Viking		*großfrüchtige Auslesen*
Scheinquitte	**September/Oktober**	
Cido		*großfrüchtige Auslese, dornenlos, wenig Säure*
Kornelkirsche	**August/September**	
Jolico		*großfrüchtige Auslese, reicher Ertrag, hoher Vitamin C-Gehalt*

Glossar

Abgetragenes Fruchtholz: Fruchtäste, die sich aufgrund von häufigem Fruchtbehang so tief abgesenkt haben, dass an ihrem Fruchtholz keine ausreichende Ernährung der Früchte mehr gewährleistet ist.

Ableiten: Einkürzen zu langer Äste, wobei auf seitliches oder nach unten wachsendes Fruchtholz geschnitten wird (Umlenken).

Abwerfen: Starkes Zurückschneiden einer Baumkrone, um später darauf zu veredeln.

Ast: Mehrjähriger verholzter, verzweigter Spross eines Baumes.

Astring: Die wulstige Ansatzstelle eines Astes am Stamm.

Astwinkel: Winkel, in dem ein Ast am Mitteltrieb eines Baumes ansetzt.

Aufleiten: Einkürzen eines abgesenkten Astes, wobei auf einen nach oben wachsenden Seitenast geschnitten wird (Umlenken).

Auge: In den Blattachseln liegendes Zellteilungsgewebe, aus dem sich Blüten, Blätter oder Triebe bilden; wird im Entstehungsjahr Auge, später Knospe genannt.

Austrieb: Beginn des Wachstums nach der Vegetationsruhe = Öffnen der Knospen.

Baumform: Bezeichnet die Gestalt eines Baumes in Abhängigkeit von der Stammhöhe.

Blattknospe: Knospe, aus der sich ein blütenloser Trieb entwickelt.

Blütenknospe: Knospe, aus der sich eine Blüte entwickelt.

Bukett-Trieb: Ein Blütenknospenkranz, vor allem bei Süßkirschen, in dessen Mitte sich eine Blattknospe entwickelt.

Edelreiser: Einjährige, geschnittene Triebe einer Sorte, die veredelt werden soll.

Edelsorte: Die für eine Veredlung ausgewählte Obstsorte.

Einjährige Veredlung: Junger, veredelter Baum nach der ersten Vegetationsperiode.

Falscher Fruchttrieb: Kurztrieb, meist bei Pfirsichen und Nektarinen, der seitlich nur Blütenknospen ausbildet und aus diesem Grund schnell verkahlt. Der Neuzuwachs erfolgt bei ihm nur über die Terminalknospe.

Fruchtast: Äste, die sich an der Stammverlängerung oder untergeordnet an den Leitästen befinden und Fruchtholz tragen.

Fruchtholz: Alle Triebe, Zweige und Äste, die Blütenknospen tragen.

Fruchtrute: Längerer Zweig mit endständiger Blütenknospe (Kernobst), langer Trieb mit terminaler Blattknospe und seitlichen Blütenknospen (Steinobst).

Fruchtspieß: Kurztrieb mit terminaler Blütenknospe.

Gemischte Knospen: Bei Kernobst übliche Blütenknospen, aus denen neben Blüten auch Blätter entstehen.

Hippe: Spezialmesser für Gärtner mit sichelförmig gebogener Klinge.

Hochstämme: An eine Mindeststammlänge gebundene Baumform: Obstbäume über 1,60 m Stammhöhe sowie Johannisbeer- und Stachelbeerhochstämmchen über 0,80 m.

Hohlkrone: Baumkrone ohne Mitteltrieb.

Kambium: Zur Zellteilung befähigtes Gewebe, das alle Teile des Sprosses und der Wurzel umgibt. Es bildet nach innen den Holzkörper und nach außen den Rindenkörper.

Knospe: Siehe Auge.

Konkurrenztrieb: Starker, steiler Trieb aus der Knospe, der direkt hinter derjenigen Knospe liegt, die die Triebverlängerung übernommen hat.

Kopulation: Veredlungsart, die bei gleich starken Veredlungspartnern angewandt wird und während der Vegetationsruhe durchgeführt wird.

Kurzer Fruchtholzschnitt: Fruchtholz, das kaum noch leistungsfähig ist, wird auf wenige Blütenknospen zurückgeschnitten, damit es wieder kräftige Blütenknospen bzw. Kurztriebe bildet.

Kurztrieb: Kurzer Trieb, der meist früh mit einer Blütenknospe abschließt.

Langer Fruchtholzschnitt: Das Fruchtholz wird nur wenig zurückgeschnitten, da es sonst mit zu starkem Neutrieb und verminderter Blütenknospenbildung reagieren würde.

Langtrieb: Langer Trieb, der in der Regel mit einer Blattknospe abschließt. Bei Pfirsich und Sauerkirsche ist er auch mit Blütenknospen besetzt.

Leitäste: Sie bilden neben dem Mitteltrieb als direkte Verzweigung des Stammes das Hauptgerüst der Krone.

Leittrieb: Verlängerungstrieb der Stammverlängerung oder auch eines Leitastes, der sich aus der endständigen Terminalknospe entwickelt hat.

Meterstamm: Baumform mit einer Stammhöhe von ca. 1 m.

Mittelachse: Fortsetzung des Stammes und gehört so wie die Leitäste zum Hauptgerüst der Krone.

Mitteltrieb: Siehe Mittelachse.

Nebenknospe: Neben der Hauptknospe angelegte Reserveknospe, die bei Zerstörung der Hauptknospe austreibt.

Obstart: Vereinfachte Bezeichnung für die Einteilung des Obstes, z. B. Apfel, Birne, Kirsche etc.

Obstsorte: Eine weitere Unterteilung der Obstarten, z. B. Obstart Apfel, Sorte 'Topaz'.

Okulation: In den Baumschulen übliche Veredlungsart im Sommer, bei der ein Auge mit einem Rindenstückchen in die Unterlage eingesetzt wird.

Pflanzjahr: Das Jahr, in dem Gehölze nach der Pflanzung an ihrem endgültigen Standort das erste Laub tragen.

Pflanzschnitt: Der direkt nach der Pflanzung ausgeführte Schnitt, mit dem die spätere Kronenform festgelegt wird.

Pfropfen: Veredlungsart, besonders für ältere Bäume. Wird im April bis Mai durchgeführt, sobald sich die Rinde der Unterlage löst (damit das Edelreis hinter die Rinde geschoben werden kann).

Pyramidenkrone: Kronenform mit Mitteltrieb und drei bis vier Leitästen, die in alle Richtungen gleichmäßig stark ausgebildet sind.

Quirlbildung: Leitäste, die in gleicher Höhe quirlartig rund um den Stamm stehen und zu einer unerwünschten Schwächung der Stammverlängerung führen.

Quirlholz: Stark verzweigtes, älteres, kurzes, oft stark nach unten hängendes Fruchtholz, das meist nur schlecht ernährte Früchte hervorbringt.

Rundkrone: Kronenform, bei der alle Leitäste bzw. Fruchtäste nach allen Seiten gleichmäßig stark erzogen werden.

Ruten: Kurzlebige Triebe bei Halbsträuchern wie Himbeeren oder Brombeeren.

Schlafende Knospe: Über lange Jahre nicht austreibende Knospen, die sich lebensfähig erhalten haben und die oft erst nach Jahren durch einen besonderen Reiz (z. B. Schnitt) austreiben.

Schlafendes Auge: Vor allem an Astringen angelegtes Auge, das häufig erst nach Jahren durch einen besonderen Reiz (Schnitt) austreibt, vgl. auch schlafende Knospe.

Schlankschneiden: Entfernen von längeren Seitentrieben zugunsten von kurzen.

Schnitt auf einen Seitentrieb: Entfernen der Triebverlängerung durch Rückschnitt auf einen Seitentrieb.

Schosser: Übermäßig stark wachsende, senkrechte Triebe.

Seitenknospen: Seitlich am Trieb angelegte Blüten- und Blattknospen.

Seitentriebe: Aus Seitenknospen wachsende Triebe.

Sommerschnitt: Alle Schnittmaßnahmen, die nach Abschluss des Triebwachstums am belaubten Gehölz durchgeführt werden.

Spalier: Aus Draht, Holz oder Ähnlichem errichtetes Gerüst zur Erziehung und Unterstützung verschiedener Spalierformen bei Obstgehölzen.

Spätfrostgefährdung: Gefahr von Erfrierungen und Frostschäden an Blüten und jungen Blättern, die von spät im Frühjahr auftretenden Minustemperaturen drohen (besonders bei früh austreibenden Arten und Sorten).

Spindel: Kronenform, an der sich die Fruchtäste direkt um den Mitteltrieb herum befinden. Lange Fruchtäste unten und kurze Fruchtäste oben ergeben eine typische Tannenbaumform.

Spross: Gesamtheit aller oberirdischen Baumteile.

Stamm: Meist senkrechter Teil des Sprosses, vom Boden bis zum untersten Ast.

Stammverlängerung: Fortsetzung des Stammes, gehört wie die Leitäste zum Hauptgerüst der Krone.

Ständer: Trieb, der am Scheitelpunkt eines nach unten gebogenen Astes steil nach oben wächst.

Tellerkrone: Rundkronenform, bei der die Mitte entfernt wurde und die Leitäste relativ flach angeordnet sind (vor allem bei Zwetschen).

Terminalknospe: Blüten- oder Blattknospen am Ende eines Triebes.

Trieb: Einjähriges Organ eines Gehölzes.

Überbauen der Krone: Verlust der für die Belichtung wichtigen kegelförmigen Kronenform durch unkontrolliertes Wachstum im oberen Bereich.

Überwallen: Wundverschluss durch Zellteilung des Kambiums am Rand der Wunde.

Umlenken: Siehe Ableiten und Aufleiten.

Unterlage: Wurzel oder Sprossstück unterhalb der Veredlungsstelle eines veredelten Obstgehölzes. Beeinflusst Wuchs, Frosthärte, etc. der Edelsorte.

Veredeln: Methode zum Vermehren erbgleicher Edelsorten durch Verwachsen zweier lebender Pflanzenteile von Pflanzen, deren Triebe sich schlecht bewurzeln.

Verjüngungsschnitt: An einer seit längerem nicht geschnittenen Krone werden abgesenkte Leitäste auf Ständer aufgeleitet, um daraus neue Leitäste aufzubauen.

Verkahlte Krone: Baumkrone, die nur noch im äußeren Bereich grün ist, weil die Knospen im Kroneninneren wegen Lichtmangel nicht mehr austreiben.

Verkahlung: Fehlender Besatz mit Trieben und Knospen an Ästen in Folge mangelnden Austriebs aus den Seitenknospen oder Fehlen von Seitenknospen.

Wahrer Fruchttrieb: Trieb, meist bei Pfirsichen und Nektarinen, der seitlich gemischte Knospen hat (entweder zwei Blüten- mit einer mittelständigen Blattknospe oder eine Blütenknospe mit einer begleitenden Blattknospe).

Wasserschosse: Meist aus schlafenden Knospen heranwachsende, lange Triebe mit weichem Holz und langen Internodien.

Weißanstrich: Ein weißer Kalkanstrich an Stamm und Astansätzen, der im Winter die Sonneneinstrahlung reflektiert und dadurch ein Aufplatzen der Rinde als Folge extremer Temperaturschwankungen verhindert.

Winterschnitt: Alle Schnittmaßnahmen, die während der Vegetationsruhe am unbelaubten Obstgehölz durchgeführt werden

Wundkallus: Holz- und Rindenzellen, die vom Kambium zum Verschließen von Wunden und Verletzungen neu gebildet werden.

Wurzel: Gesamtheit aller unterirdischen Pflanzenteile.

Wurzelhals: Oberirdischer Teil der Unterlage eines Obstgehölzes.

Wurzelschnitt: Einkürzen der Wurzeln bei der Pflanzung eines Obstgehölzes sowie das Verringern des Wurzelvolumens eines zu stark wachsenden Baumes durch Abstechen der Wurzeln mit einem Spaten oder einem speziellen Wurzelschneidegerät.

Zapfen: Ein beim Schnitt nicht restlos entfernter Trieb. Aus einer schlafenden oder schlecht entwickelten Knospe dieses Zapfens entsteht später ein flacher Trieb, der in der Regel mit einer Blütenknospe abschließt.

Adressen und Bezugsquellen

Die Adressen sind nach aufsteigenden Postleitzahlen sortiert. Die Liste erhebt keine Anspruch auf Vollständigkeit.

▸ Vereine und Verbände

Internet:
http://www.gartenbauvereine. de

Bundesverband
Deutscher Gartenfreunde
Platanenallee 37
14050 Berlin
Internet: http://www.kleingarten-bund.de

Landesverband niedersächsischer Gartenbauvereine
Bückeburger Str. 11
31655 Stadthagen

Landesverband Hessen für Obstbau, Garten und Landschaftspflege
Finkenweg 19
35606 Solms

Landesverband der Gartenbauvereine Westfalen-Lippe
Postfach 1444
48565 Steinfurt

Verband rheinischer Gartenbauvereine
Gartenstr. 11
50765 Köln

Bundesverband Dt. Gartenfreunde
Steinerstr. 52
53225 Bonn

Landesverband der Gartenbauvereine Saar/Pfalz
Kaiserstr. 77
66133 Saarbrücken-Scheidt

Baden-Württembergischer Landesverband für Obstbau, Garten und Landschaft
Klopstockstr. 6
70193 Stuttgart

Deutsche Gartenbau-Gesellschaft
Webersteig 3
78462 Konstanz
Internet: http://www.dgg1822.de

Bayer. Landesverband für Gartenbau und Landespflege
Herzog-Heinrich-Str. 21
80336 München

▸ Pflanzenliebhaber-Gesellschaften

Pomologen-Verein e.V.
Bruenlasberg 52
08280 Aue
Internet: http://www.pomologen-verein.de

Europäische Buchsbaum- und Formschnitt-Gesellschaft
c/o Raphael Witte
Oberstr. 36
52349 Düren

Deutsche Dendrologische Gesellschaft
c/o Hubertus Nimsch
Schauinslandstr. 125
79100 Freiburg

▸ Informationsstellen und Fortbildungsstätten

Gartenakademie –
Fachschule für Gartenbau
Soebrigener Str. 3 a
01326 Dresden-Pillnitz

Lennée Akademie für Gartenbau und Gartenkultur
Ministerium für Ernährung, Landwirtschaft und Forsten
Heinrich-Mann-Allee 103
14473 Potsdam

Schulungszentrum für naturgemäßen Land- und Gartenbau
Poppenbüttler Hauptstr. 46
22399 Hamburg

Hessische Gartenakademie – Lehr- und Versuchsanstalt für Gartenbau
Oberzwehrener Str. 103
34132 Kassel
Telefon: 0561/40909-0

Bildungsstätte des deutschen Gartenbaus
Gießener Str. 47
35305 Grünberg

Beratungszentrum Garten und Pflanze, Lehr- und Versuchsanstalt
Gartenstr. 11
50765 Köln-Auweiler
Telefon: 0221/534020-0

Hessische Gartenakademie,
LVG Wiesbaden
Am Kloster Klarenthal 7 a
65195 Wiesbaden
Telefon: 0611/94681-0

Saarländische Gartenakademie,
Landwirtschaftskammer
Lessingstr. 12
66121 Saarbrücken
Telefon: 0681/66505-0

Informationsstelle der Versuchsanstalt für Gartenbau an der FH Weihenstephan
Am Staudengarten 9
85354 Freising
Telefon: 08161/714-541

Bayer. Gartenakademie –
Bayer. Landesanstalt für Weinbau und Gartenbau
An der Steige 15
97209 Veitshöchheim
Telefon: 01804/980114

▸ Naturgemäßer Gartenbau

GÄA-Geschäftsstelle
Am Beutlerpark 2
01217 Dresden

Maria Thun/Verlag Aussaattage
Postfach 1446
35205 Biedenkopf

Permakultur-Institut
Heide Micah
Witzfeldstr. 21
40667 Meerbusch

Forschungsring für biologisch-dynamische Wirtschaftsweise
Brandschneise 2
64295 Darmstadt

Naturgarten e.V.
Görresstr. 33
80798 München

Permaculture Bayern
Herrmannsdorf 11
85625 Glonn

Naturgarten e.V.
c/o Karin Böhmer
A-3623 Voitsau 8

Arbeitsgruppe Biogarten
Birnbaum
CH-3436 Zollbrück

Verein für naturnahe Garten- und Landschaftsgestaltung (VNG)
Postfach
CH-4805 Brittnau

Bio-Forum Möschberg
Postfach 24
CH-4936 Kleindietwil

Bioterra (SGBL)
Dubsstr. 33
CH-8003 Zürich

Erhaltung der Sortenvielfalt

Verein zur Erhaltung der Nutzpflanzenvielfalt (VEN)
Ursula Reinhard
Sandbachstr. 5
38162 Schandelah

Arche Noah
Obere Str. 40
A-3553 Schloß Schiltern

Fructus
Glärnischstr. 31
CH-8820 Wädenswil

Schnittkurse

Informationen dazu erhalten Sie bei den örtlichen Volkshochschulen, Kleingärtner- und Gartenvereinen sowie bei den Beratungsstellen der Landwirtschaftskammer und den Kreisobstberatungsstellen.

Baumschulen

Informationen über Baumschulen beim Bund deutscher Baumschulen e.V.
Bismarckstr. 49
25421 Pinneberg

Baumschule Schob
Lößnitzer Str. 82
08141 Reinsdorf
Telefon: 0375/295484
Fax: 0375/29 34 57
Internet: http://www.schob.de
E-Mail: baumschule@schob.de

Pflanzmich.de
Burstah 13
25474 Ellerbek
Telefon: 040/88169862
Internet:
http://www.pflanzmich.de/index.html
E-Mail: info@pflanzmich.de

Eggert Baumschulen
Baumschulenweg 2-6
25594 Vaale
Telefon: 04827/932627
Fax: 04827/95056
Internet:
http://www.eggert-baumschulen.de
E-Mail:
Eggert.Baumschulen@t-online.de

Baum- und Rosenschulen
Johannes Boysen
Peter-Schmidts-Weg 13
25899 Niebüll
Telefon: 04661/3417
Fax:04661/5752
Internet:
http://www.baumschule-boysen.de

Baumschulen Böhlje
Oldenburger Str. 9
26655 Westerstede
Telefon: 04488/4158
Fax: 04488/861077

Obstbaumschule Dr. Ute Hoffmann
Brinkstr. 53
27249 Mellinghausen/Brake
Telefon: 04272/962244
Fax: 04272/1865

Baumschule König
Teichagarten 17
31033 Brüggen
Fax: 05182/2911
Internet:
http://www.koenig-baumschule.de

Baumschule Rinn
Heuchelheimerstr. 129
35398 Gießen
Telefon: 0641/62850
Fax: 0641/67472

Baumschule Bruno Wenk
Dickenrück
36199 Rotenburg a.d. Fulda
Telefon: 06623/2214
Fax: 06623/5804
E-Mail: baumschule.wenk@online.de

Baumschule Albert Klabautschke
Alvingheide 133
48308 Senden-Bösensell
Telefon: 02536/335010
Fax: 02536/335019

Artländer Pflanzenhof
Fliegerhorst 2
49635 Badbergen
Telefon: 05431/2458
Fax: 05431/904353

Baumschule Fritz Herr
Baumschulenweg 19-25
53340 Meckenheim
Telefon: 02225/92080
Fax: 02225/15884

Baumschule.de/NFT GmbH
Rosengarten
56335 Neuhäusel
Telefon: 02620/9 44 80
Fax: 02620/94 49 21
Internet: http://www.baumschule.de
E-Mail: service@baumschule.de

Geisenheimer Baumschule
Rebenweg
65366 Geisenheim
Telefon: 06722/75622
Fax: 06722/1889
Internet: interfactum.de/
geisenheimer-baumschule

Baumschule Ritthaler
Dietschweilerstraße
66882 Hütschenhausen
Telefon: 06372/5880
Fax: 06372/61564
Internet: http//www.baumschule
ritthaler.de

Baumschulen Huben
Schriesheimer Fußweg 7
68526 Ladenburg
Telefon: 06203/92800
Fax: 06203/928080
Internet: http://www.huben.de

Obst-Baumschule Kiefer
Sonnengasse 6
77799 Ortenberg
Telefon: 0781/31518
Fax: 0781/37698
E-Mail: obstbaumschule.kiefer
@t-online.de

Häberli Obst- und Beerenzentrum GmbH
August-Ruf-Str.12 a
78201 Singen
Telefon: 07731/692244
Fax: 07731/1865
http://www.haeberli-beeren.ch
E-Mail: info@haeberli-beeren.ch

Baumschule Baumgartner
Hauptstr.2
84378 Nöham bei Pfarrkirchen
Telefon: 08726/205
Fax: 08726/1390
Internet: http://www.baumgartner-
baumschulen.de
E-Mail: baumgartner-
baumgartner@baumschule.de

Baumschule Brenninger
Hofstarring 2
84378 Steinkirchen
Telefon: 08084/259903

Baumschule Werner Oppel
Dillenbergstr.13
90579 Langenzenn-Stinzendorf
Telefon: 09101/2862
Fax: 09101/9641

Baumschule Pflanzen Hofmann
Hauptstr. 36
91094 Langensendelbach
Telefon: 09133/4687
Fax: 09133/4673
E-Mail: baumschule-hofmann
@t-online.de

Baumschule Hans Fenzl
Weinbergstr. 22
93413 Cham
Telefon: 09971/1558
Fax: 09971/9187
Internet: http://www.obstbaeume.de
E-Mail: obstbaum-fenzl@t-online.de

Bundesfachsektion Baumschule
Draschestr. 13–19
A-1232 Wien

Verband Schweizerischer Baumschulen
Zürcherstr. 17
CH-5200 Windisch

Kosmos Bücher-Tipps

Bischof, Herbert: Großvaters Obstsorten, 1998

Bischof, Herbert: Das KOSMOS Buch vom Obstbaumschnitt, 1998

Bischof, Herbert: Obstgehölze schneiden leicht gemacht, 1996

Flehmig, Anja: Pflanzen vermehren Schritt für Schritt, 2002.

Fortmann, Manfred: Das große Kosmosbuch der Nützlinge, 2. Auflage 2000.

Holzförster, Heidrun: Obstgehölzschnitt Schritt für Schritt, 2002

Holzförster, Heidrun: Ziergehölze schneiden leicht gemacht, 2001

Kötter, Engelbert: Obst und Gemüse Schritt für Schritt, 2002

Mayer, Joachim: Obst und Beeren – Alte Gartentipps neue ausgegraben, 2000

Pfeifer, Ulrike: Obst- und Gemüsegarten, 2003

Sulzberger, Robert: Gartenlust von Anfang an, 2002

Wolff, Jürgen und **Throll, Angelika (Hrsg.):** Die mein schöner Garten Enzyklopädie der Gartenpflanzen, 2003.

Wolff, Jürgen (Hrsg.): Mein schöner Biogarten, 2. Auflage 2003.

Wolff, Jürgen (Hrsg.): Mein schöner Garten, 4. Auflage 2002.

Wolff, Jürgen (Hrsg.): Mit mein schöner Garten durchs Jahr, 2000.

Register

Die halbfetten Seitenzahlen verweisen auf Abbildungen.

Impressum

179 Fotos von
Herbert Bischof, Oberteuringen: 14 uli, 34 Mli, 34 uli; **Helga Buchter-Weisbrodt**, Rödersheim/Gronau: 30 u, 33, 60, 73 o, 82 ore, 85, 102, 106 oli, 112, 120, 128, 133; **Die Grüne Fotoagentur**, Wolfratshausen: 90, **GartenBildagentur**, Au/Hallertau: 96 o, 123 oli; **Hansjörg Haas**, Bleichheim: 28 ore, 40 oli, 40 oM, 74 ure, 75 oli, 80 uli, 91uM, 91 ure, 111 ure, 114 uli, 127 ore, 134 ure; **Heidrun Holzförster**, Haslach: 7 oM, 12 li, 13 oli, 13 oM, 17 oM, 17 ure, 18 ore, 19 (beide), 20 Mre, 22 (alle drei), 23, 24 (alle drei), 25, 26 uli, 26 uM, 28 oli, 28 oM, 29, 30 o, 32, 35, 37, 38, 39 (beide), 41, 42 (beide), 44 (beide), 47 oli, 48, 49, 52, 53 u, 61, 62 (alle drei), 63, 64, 66, 67, 69, 70, 71, 72, 76 (beide), 77, 78, 80 re, 81 (beide), 83 o, 86 o, 87 u, 89 (beide), 96 u, 97 o, 103 o, 103 uli, 106 ore, 108 ore, 109, 117 oM, 121, 123 ore; **Manfred Pforr**, Langenpreising: 126; **Tierfoto Reinhard**, Heiligkreusteinach-Eiterbach: Vorsatz/Nachsatz, 2/3, 5, 6, 8, 9, 10 (beide), 11, 45, 50, 57, 58, 59 uli, 84, 86 u, 87 o, 92, 93, 94 uli, 98 (beide), 110 li, 115, 117 oli, 125, 129, 142; **Manfred Ruckszio**, Taunusstein: 54 uli, 56 (beide), 65 ore, 68, 79, 111 oli; **Martin Stangl**, Hohenschäftlarn/Isartal: 7 oli, 14 ure, 16 (beide), 17 uli, 20 M, 26 ure, 27 Mre, 31 (beide), 36, 46, 47 oM, 53 o, 54 ure, 59 ore, 65 Mli, 73 u, 83 u, 101 (beide), 103 ure, 105 (beide), 116, 124, 131; **Friedrich Strauß**, Au/Hallertau: 34 ore, 74 oli, 82 uli, 88, 94 ore, 95, 99, 100, 104, 108 oli, 144; **Alice Thinschmidt**, Wien: 108 ure.

145 Illustrationen von
Manuela Hutschenreuter, München: 18 oM; **Wolfgang Lang**, Grafenau: 13 ure, 18 (alle drei unten), 20 uli, 20 uM, 20 ure, 21 (alle drei), 22 o, 24 (beide), 25 (alle drei), 27 (alle drei), 28 (beide), 35 (beide), 36 u, 38 (alle drei), 39 (alle drei), 40 (alle drei), 41 (alle fünf), 42, 43 (alle vier), 45, 47, 48 (beide), 49 (beide), 52, 54 (beide), 55 (beide oben), 61 (beide), 63 oli, 63 ore, 64 (beide), 69, 70 oli, 71, 72 u, 92 (beide), 93 (alle drei), 97, 99, 100, 105 (beide), 106 (beide), 107 (beide), 109, 110, 113 (beide), 114 (alle drei), 115, 116, 117 (beide), 118 uli, 119 (alle vier), 122 (beide), 123, 126. **Horst Lünser**, Berlin 12 ure, 19 o, 20 oli, 31 u, 37 (alle drei), 50, 51 (alle vier), 55 u, 62 (beide), 63 uli, 65, 66 (beide), 68 (beide), 70 ore, 72 M, 75 (beide), 77, 78 (beide), 85, 88, 90 (beide), 91 (beide), 95 (alle drei), 102, 118 ure, 120, 121 (beide), 124; **Johannes-Christian Rost**, Stuttgart 15 (beide), 16 u.

Umschlaggestaltung von eStudio Calamar, unter Verwendung eines Fotos von Reinhard Tierfoto, Hans Reinhard, Heiligkreuzsteinach-Eiterbach.

Unser gesamtes lieferbares Programm und viele weitere Informationen zu unseren Büchern, Spielen, Experimentierkästen, DVDs, Autoren und Aktivitäten finden Sie unter **www.kosmos.de**

Gedruckt auf chlorfrei gebleichtem Papier.

Dritte Auflage

ISBN 978-3-440-11913-6
Redaktion und Bildredaktion: Carolin Krank
Grundlayout: eStudio Calamar
Produktion: Ralf Paucke
Printed in Italy/ Imprimé en Italie

Die Autorin: Heidrun Holzförster ist Gartenbauingenieurin und erfahrene Expertin im Bereich Obstgehölzschnitt. Sie gibt zahlreiche Kurse zum Thema Obst- und Ziergehölzschnitt.

Alle Angaben in diesem Buch sind sorgfältig geprüft und geben den neuesten Wissensstand bei der Veröffentlichung wieder. Da sich das Wissen aber laufend in rascher Folge weiterentwickelt und vergrößert, muss jeder Anwender prüfen, ob die Angaben nicht durch neuere Erkenntnisse überholt sind. Dazu muss er zum Beispiel Beipackzettel zu Dünge-, Pflanzenschutz- bzw. Pflanzenpflegemitteln lesen und genau befolgen sowie Gebrauchsanweisungen und Gesetze beachten.

Das umfassende Standardwerk

Richard Bird
Das Kosmos Buch vom Gehölzschnitt
256 Seiten, über 1000 Abbildungen
€/D 29,90; €/A 30,80; sFr 53,–
Preisänderungen vorbehalten
ISBN 978-3-440-11123-9

- Pflanzen schneiden im Garten leicht gemacht.
- Von Zier- und Obstgehölzen über Hecken und Rosen bis hin zu Stauden und Kletterpflanzen – für alle Pflanzengruppen wird Schritt für Schritt in über 1000 Abbildungen erklärt, wie sie richtig geschnitten werden.

www.kosmos.de/garten

KOSMOS